液化场地桩-土-结构体系动力反应与抗震分析

唐　亮　凌贤长等　著

科学出版社

北　京

内 容 简 介

岩土地震工程学是介于岩土与基础工程、地震工程等之间的交叉学科。土体地震液化孕育和控制重大工程地基与基础灾害。作者带领团队历经 20 多年研究与实践,开展液化场地桥梁桩基地震反应与抗震设计研究,破解液化场地桩基抗震领域的基础共性问题。本书立足于液化场地桩基震害研究,较为全面系统地论述液化场地桩–土动力相互作用振动台试验、p-y 曲线、数值模拟、简化分析,以及液化场地多跨简支桥梁地震反应分析计算平台和基于性态的抗震分析方法。主要内容:液化场地桩–土动力相互作用振动台试验,液化场地桩–土动力相互作用 p-y 曲线特性,液化场地桩–土动力相互作用振动台试验数值模拟,液化场地桩–土动力相互作用 p-y 曲线影响因素分析,液化场地桩–土动力相互作用简化分析方法,液化场地多跨简支桥梁体系地震反应分析数值方法与计算平台;在地震反应规律论述的基础上,介绍基于性态的液化场地多跨简支桥梁体系抗震分析方法。

本书可供岩土工程、地震工程、基础工程、桥梁工程、防灾减灾工程等相关领域学者或技术人员学习、参考,部分章节可作为有关专业研究生课程的教材或参考资料。

图书在版编目(CIP)数据

液化场地桩–土–结构体系动力反应与抗震分析/唐亮等著. —北京:科学出版社,2023.2
 ISBN 978-7-03-072980-4

Ⅰ.①液… Ⅱ.①唐… Ⅲ.①地震液化-桩基础-抗震性能-数值模拟-计算方法 Ⅳ.①TU473.1

中国版本图书馆 CIP 数据核字(2022)第 154572 号

责任编辑:焦 健 张梦雪/责任校对:何艳萍
责任印制:吴兆东/封面设计:北京图阅盛世

科 学 出 版 社 出版
北京东黄城根北街 16 号
邮政编码:100717
http://www.sciencep.com

北京九州迅驰传媒文化有限公司印刷
科学出版社发行 各地新华书店经销
*
2023 年 2 月第 一 版 开本:787×1092 1/16
2025 年 2 月第三次印刷 印张:8
字数:200 000
定价:108.00 元
(如有印装质量问题,我社负责调换)

作 者 名 单

唐　亮　凌贤长　惠舒清　高　霞　张效禹

前　言

　　我国是桥梁大国，已建现代桥梁达86万余座，每年新建桥梁两万余座，位居世界第一，支撑着"一带一路"倡议、"交通强国"等国家战略和"川藏铁路"等国家重大工程的建设。同时，我国又是地震多发的大国，约58%的国土面积处于地震烈度Ⅶ度及以上的高烈度设防区。地震孕育和控制地震液化灾害的发生及其灾害链演化、放大和调控机制，显著影响和制约着液化场地饱和砂土地质体-工程结构综合体的安全性与长期稳定性。

　　桩基具有承载力高、稳定性好、适用性广和沉降小等优点，广泛用于桥梁工程。20世纪以来，多次破坏性地震中均发生了土体液化大变形，引起显著的附加运动荷载并耦合上部结构荷载对桩基产生强烈的作用效应，致使桩基发生严重破坏。震后调查表明，强震下建桥区广泛分布的饱和砂土液化行为显著影响与控制着桥梁桩基的非线性力学行为。新建与已建桥梁多位于近岸与跨河可液化场地，势必面临着土体地震液化诱发桥梁桩基灾变的突出难题。因此，开展桥梁工程强震安全风险分析与评价方法研究，加快我国从桥梁大国迈进桥梁强国的科技创新步伐，显得尤为迫切。

　　工程实践与研究进一步显示：液化场地桩-土-桥梁结构强震相互作用的物理过程极其复杂，主要涉及土-结构惯性相互作用、桩-土运动相互作用、液化土强非线性行为、土的辐射阻尼效应、桩周土孔压累积效应，以及桩和结构非线性动力特性等，而这些影响因素又随着地震强度、持时、频率、结构自振特性及土体性状等改变而不断发生变化，致使桥梁桩基强震反应与抗震分析异常困难。

　　我国现行规范在液化场地桥梁桩基抗震方面尚缺乏有效设计的技术细节，仅给出若干定性规定且仍为基于力的桩基抗震设计方法，本质上仍为延续液化土承载力折减系数的传统思路，致使实际操作带有较大的盲目性与随意性，与目前桥梁建设的发展速度极不适宜。因此，我国液化场地桥梁桩基抗震现状不容乐观，特别是强震作用下的动力稳定性问题。与之相比，国外针对强震下可液化场地桩-土-结构体系动力相互作用的研究速度较快，美国、日本等的规范针对可液化场地桥梁桩基抗震设计有较详细规定，并发展了基于变形的桩基抗震设计方法。

　　鉴于上述，我们团队历经20多年不断努力探索与实践，在可液化场地桥梁桩基地震响应与抗震设计方面开展了系统的研究，成功实施了正弦波输入下孔压累积过程的桩-土动力相互作用振动台试验，建立了液化前后由"凸"形过渡到"凹"形的饱和砂土 p-y 曲线模型，修正了考虑超孔压比、群桩效应和场地倾斜程度的饱和砂土 p-y 曲线公式，拓展了美国石油协会（API）规范中饱和砂土 p-y 曲线的适用范围；建立了水平和倾斜液化场地桩-土-上部结构动力相互作用模型重构技术，开发了液化场地群桩-土-多跨结构体系地震响应非线性分析三维数值模型与可视化数值仿真平台，揭示了地震动峰值速度和峰值加速度之比与桩基地震反应之间良好的相关性，建立了基于性态的液化场地桩基地震危险性分析方法。本书共8章，全面系统地与各位读者、专家分享上述各项研究成果。

　　作者衷心希望本书的出版能为国家和"一带一路"沿线桥梁、港口、海洋等重大工程的地震安全与震害防控提供科学依据与技术支撑，希望得到相关专业专家学者、工程技术人员和读者的批评指教，并和大家一起继续深化液化场地桩基震害演化规律与工程抗震设计方面的研究，为交通干线防灾减灾履行我们的科技职责。在拙著付梓之时，谨向项目支持单位基金委员会、项目协作单位、所有作者、提供支持的单位和个人表示衷心的感谢！

唐　亮

2022 年 11 月 14 日

目　　录

第1章 绪 论

1.1 工程背景与存在问题

桩基具有承载力高、稳定性好、适用性广和沉降小等优点,广泛用于桥梁、港口等建筑物中[1]。然而,历次震害调查表明强震下场地液化是桩基结构显著破坏的重要原因[2-10]。例如,在1964年日本新潟(Niigata)地震、1964年美国阿拉斯加(Alaska)地震、1975年中国海城地震、1976年中国唐山地震、1995年日本阪神地震、2008年智利康塞普西翁地震、2008年海地太子港地震、2011年日本东北大地震等历次强震中,均发现了大量因场地液化而引起桥梁桩基严重破坏的典型实例,并且若液化土体上覆于非液化硬土层,桥梁桩基毁坏尤其严重。该现象已成为工程抗震分析与安全性评价的一个重要且备受关注的科学问题[11-13]。液化场地桩–土–结构体系动力相互作用的物理过程极其复杂,粗糙的桩基动力响应分析模型与抗震措施很可能导致精细的上部桥梁结构抗震措施变得无效[14-15]。为此,深入研究液化场地桩–土–结构体系动力响应与抗震分析,对解决液化场地桩–土–结构体系抗震问题有着极其重要的作用[16]。

近年来,我国基础建设发展速度日益加快,且较多采用桩基。我国地震多发,且分布广、强度大,建设一般位于可液化场地,所以桩基结构抗震已成为我国亟待解决的棘手问题[17]。目前,我国现行规范中液化场地桩基抗震设计存在明显的缺陷,规范中一般不考虑桩–土–结构体系动力相互作用与土体液化效应对桩基结构抗震性能的不利影响,存在较明显不足[18-21]。相比之下,美国、日本等的规范中针对液化场地桩基抗震设计有较详细的规定,并发展了基于性能的桩基抗震设计方法。产生如此差距的原因有两方面:一方面是我国在桩基抗震分析方面研究尚不够深入,对桩基震害的潜在威胁认识不足[12];另一方面是我国现行的液化场地桩基抗震设计规范制定主要基于20世纪70年代唐山地震、海城地震等震害经验,限于当时的经济水平,且桩基使用并不广泛,虽然地震场地液化较多,但是较少见到场地液化桩基震害事例,故而长期未重视液化场地桩基抗震设计的研究,造成我国液化场地桩基结构抗震现状不容乐观。近年来,国内外学者已逐步认识到解决这一问题的严重性与紧迫性。鉴于上述,团队针对强震作用与液化场地条件,研究桩–土–结构体系动力响应与抗震分析方法,历经20多年攻关创新与实践,在液化场地桩–土–结构体系动力相互作用模型试验、理论分析和基于性态的抗震理论与方法等方面做了一些创新性的工作,对于进一步提高我国桩基抗震设计水平且尽快与国际接轨,努力保障我国桩基工程抗震性能与地震安全性,逐步完善我国抗震设计规范在液化场地桩基抗震设计方面的关键技术细节，无疑具有重要的科学意义与工程价值。

1.2　桩基地震响应与抗震分析

液化场地桩–土–结构体系动力响应与抗震分析目前仍处于在震害分析、振动台及离心机试验基础上，积极探索发展合适的数值方法阶段。一方面为完善现有试验技术及方法并积累基础数据，继续开展试验研究；另一方面以有效应力分析为基础的整体有限元分析模型，以非线性文克尔地基梁假定为基础的实用 p-y 曲线分析模型与以比奥两相介质动力学理论为基础的桩–土–结构体系动力相互作用分析模型等为代表的数值方法也取得长足进步，发展的分析方法也逐步纳入相应的抗震设计规范。

1.2.1　液化场地桩–土–结构体系动力相互作用模型试验

试验研究是分析液化场地桩–土–结构体系动力相互作用直接且重要的手段之一，主要包括振动台试验、离心机试验和现场试验。

1. 振动台试验

1964 年 Niigata 地震和 Alaska 地震中大量桩基破坏是促使研究者采用振动台试验研究液化场地桩基抗震的最直接原因[12]。国外，日本的 Kubo[22,23] 是世界上第一位注意模型相似比并较早进行桩–土–结构体系动力相互作用振动台试验的学者，Kagawa 和 Kraft[24] 首次输入正弦波进行砂土液化对桩–土–结构系统整体刚度影响的振动台试验。国内，刘惠珊[25] 最早进行液化场地桩基振动台试验，只是未考虑上部结构。作者带领团队于 2006 年实施了一系列高频强震波输入下液化场地桩–土–结构体系相互作用振动台试验，为后续开展类似试验积累了有益经验；2009 年和 2013 年分别在中国地震局工程力学研究所地震工程与工程振动实验室完成了正弦波输入下液化场地桩–土–结构体系相互作用振动台试验，实施了液化侧扩流场地桩–土–结构体系相互作用振动台试验；2016 年在南京工业大学江苏省土木工程与防灾减灾重点实验室完成了液化场地桩基弯曲–屈曲耦合失效振动台试验，验证惯性荷载和轴向荷载共同作用引起液化场地桩基屈曲失效，所开展的振动台试验系统研究了液化场地桩–土–结构动力相互作用特征、桩基失效机理和安全性评价等[26-31]。

2. 离心机试验

国外，Fiegel 和 Kutter[32] 首次利用离心机试验考察了微斜液化场地地震响应特征。Abdoun[33] 和 Wilson 等[34] 研究了液化场地单桩和群桩动力响应规律与力学特征。国内，苏栋和李相菘[35]、汪明武等[36] 研究了地震下液化场地单桩上土压力变化规律，以及液化侧扩流斜坡场地群桩地震响应特征。王睿[37] 系统地探究了液化场地单桩受力机制、运动荷载与惯性荷载的耦合模式。刘星[38]率先研究了水平和竖直地震联合作用下液化场地群桩基础的动力响应特征。Zhang 等[39]发现液化侧扩流场地斜桩的前桩大于后桩的弯矩。2019年，作者带领团队在中国水利水电科学研究院离心机试验室，完成了实测强震输入下液化斜坡场地高桩码头地震反应离心机振动台试验[40]。

3. 现场试验

由于地震的突发性和不确定性，在地震区布置地震观测仪器记录地震输入下液化场地桩–土–结构体系动力相互作用响应显然是不现实的。但是考虑到现场试验可以真实地反映桩–土–结构体系动力相互作用、应力应变环境等优点，这是室内试验无法准确模拟的。所以，研究液化场地桩–土–结构体系动力响应与抗震分析的现场试验显得尤为必要，也是对室内模型试验的有益补充。Ashford 等在日本十胜（Tokachi）人工岛上采用"人工爆破"触发场地液化，桩头施加循环荷载，实施足尺单桩与群桩试验，评价了单桩与群桩的侧向承载特性，发现液化土体侧向大位移显著大于桩的变位[41]。美国杨百翰大学与加利福尼亚大学圣地亚哥分校合作实施了金银岛爆炸液化试验（Treasure Island liquefaction test，TILT）工程，采用爆炸触发场地液化方法，进行水平循环荷载下原型桩测试[42,43]。

1.2.2 液化场地桩–土–结构体系动力相互作用理论分析

桩–土–结构体系动力相互作用的理论研究主要包括文克尔地基梁法、有限元法、有限差分法、边界元法、离散元法、混合法等多种方法，其中以文克尔地基梁法和有限元法应用最为广泛。

1）文克尔地基梁分析方法

Matlock 等[44]最早提出文克尔地基梁法，并首次将文克尔地基梁法扩展至桩–土–结构体系动力相互作用分析中。文克尔地基梁法是将桩–土相互作用通过一系列离散弹簧替代，相邻弹簧彼此独立。此时，桩–土相对位移不仅仅与桩自身的变形有关，还与自由场地土体位移有关。桩–土相互作用文克尔地基梁法已有较长研究历史，并发展了多种非线性文克尔地基梁模型，如 Novak 模型[45-48]、Kagawa 模型[49,50]、Nogami 模型[51,52]以及 Otani、Naggar、Rojas 等改进模型[53,57]。实践表明，当桩周土开始液化，这些模型并不能准确预测桩基动力响应。为此，针对可液化场地桩–土–结构体系地震相互作用，文克尔地基梁法的研究已成为国内外关注的焦点问题，并逐步进行不少尝试性工作并取得一些有益成果。

针对可液化场地，文克尔地基梁法的关键是合理选取液化砂土 p-y 曲线模型[58]。多数情况下，通过土的标准 p-y 曲线构建液化砂土非线性弹簧。事实上，研究者真正开始关注液化砂土 p-y 曲线建立的问题始于日本公路桥梁设计规程（日本道路协会，1980）[59]和铁路设施设计标准（铁道技术研究所，1992）[60]，其采用静力安全系数折减法修正标准 p-y

曲线建立液化砂土 p-y 曲线[61]。国内外通过离心机振动台试验和振动台试验，结合少量现场足尺试验并辅于数值模拟技术外推考虑基本参数变化对液化砂土 p-y 曲线的影响，获得液化砂土 p-y 曲线模型，并开始用于桩基设计。目前主要采用 5 种方法建立液化砂土 p-y 曲线：①考虑液化砂土压力衰减效应的 p-乘因子法，这也是表述液化砂土 p-y 曲线最普通的方法之一；②Goh 等建议的采用与软黏土 p-y 曲线形状相似并用不排水残余剪切强度表示土压力的不排水残余剪切强度法；③无强度法；④Gerber 通过现场试验并采用数学拟合方法建立了液化砂土 p-y 曲线经验方程（未考虑砂层孔压比影响）；⑤Menchawi 基于大量振动台试验、离心机试验和现场试验结果，考虑砂土相对密度与孔压影响，建立了统一 p-y 曲线模型（包括初始无土压力区域，随后桩位移超过初始区域后，土剪胀和土压力增大区域和极限土压力区）。作者带领团队建立了孔压累积过程中砂土动力 p-y 曲线公式，系统研究了近岸液化场地单桩和群桩地震反应特征和失效机理等[26-31]。

2）有限元法

液化场地桩-土-结构体系动力相互作用分析有限元法随着计算机技术和试验测试水平的迅猛发展[60,62]，从最初的线性总应力法，逐渐发展到基于有限元的非线性有效应力分析方法和采用复杂弹塑性模型并考虑水-土动力耦合效应的分析方法，从只能分析一维问题发展到能够分析二维、三维问题，从只能够进行饱和土体的分析拓展到多相非饱和土体的动力分析。砂土的本构模型从早期的线弹性模型，发展到黏弹性模型、弹塑性模型、边界面模型、内时模型和结构性模型等土的高级本构模型。此外，很多有限元商业软件可用于桩-土-结构体系动力相互作用分析，如 ANSYS、ADINA、ABAQUS 和 DYNAFLOW 等，但是这些软件对于桩-土-结构体系动力相互作用分析一些重要特性的模拟并不理想。OpenSees 地震工程数值模拟平台是由美国加利福尼亚大学伯克利分校牵头研发的一种面向对象的目标导向性的地震工程有限元数值仿真平台，该平台嵌入了多种土的本构模型，可用于模拟饱和砂土液化机理、饱和砂土压缩与膨胀机理及耦合桩、土和水动力相互作用三维有限元分析，在桩-土-结构体系动力相互作用分析中取得了良好的模拟效果[62-65]。作者带领团队采用水-土耦合 u-p 有限元公式模拟土体位移和孔压，考虑桩-土界面滑移机理与剪切屈服力耦合效应，自主开发了液化场地桩-土-结构体系地震相互作用弹塑性分析三维数值模型与计算方法，并将其拓展应用到液化场地桥梁群桩-土-多跨结构耦合体系和高桩码头体系的地震反应三维数值计算与分析中[65-69]。

1.2.3　基于性态的液化场地桩-土-结构体系抗震理论与方法

桩基结构的震害调查表明，仅以防治结构损伤为目标的抗震设计是远远不够的[70-75]。基于此，美国学者针对结构工程，率先引入基于性态的抗震设计思路（performance-based seismic design），提出基于概率意义的设计方法，将基于性态的抗震设计分解为四个部分：

①根据工程性态的不同需求确定地震防御目标，通过地震危险性分析，甄选出不同地震荷载对应的等级参数；②实施地震作用下结构的动力响应分析，进一步得到应力、位移和变形等工程响应参数；③提出结构的破坏指标，该指标由非线性响应量确定，同时，该指标应能够反映真实的结构破坏状况，据此确定结构修复的必要性与修复时间、修复费用等重要参量；④基于以上分析，由业主或决策部门进行综合决策。日本也将基于性能的抗震设计思想列入了设计规范中，并提出了相应的性态标准。根据选定性态指标的不同，具体又分为基于位移、基于能量和基于损伤的设计方法。作者及其团队基于概率的方法，研究了液化场地桩基抗震性能与易损性特征，在基于性态的抗震理论与方法方面做了一些有益的工作[76,77]。工程实践表明，开展基于性态的液化场地桩–土–结构体系抗震理论与方法研究，并据此发展基于性态的设计方法已成为学术界与工程界的共识[78]。

参 考 文 献

[1] 桩基工程手册编写委员会. 桩基工程手册 [M]. 北京：中国建筑工业出版社，1995.

[2] 刘惠珊. 桩基抗震设计探讨——日本阪神大地震的启示 [J]. 工程抗震，2000，(3)：27-32.

[3] 熊建国. 土–结构动力相互作用问题的新进展 (Ⅰ，Ⅱ) [J]. 世界地震工程，1992，(3)：22-29.

[4] 刘恢先. 唐山大地震震害 [M]. 北京：地震出版社，1986.

[5] Pamuk A. Physical modeling of retrofitted pile groups including passive site remediation against lateral spreading [D]. New York：Rensselaer Polytechnic Institute，2004.

[6] Ross G A，Seed H B，Migliaccio R R. Bridge foundation behavior in Alaska earthquake [J]. Journal of the Soil Mechanics and Foundations Division，1969，95 (4)：1007-1036.

[7] 栾茂田，聂影，郭莹. 大连饱和粘土动力特性研究 [J]. 大连理工大学学报，2009，49 (6)：907-912.

[8] 中国科学院工程力学研究所. 海城地震震害 [M]. 北京：地震出版社，1979.

[9] 刘惠珊. 1995 年阪神大地震的液化特点 [J]. 工程抗震，2001，(1)：22-26.

[10] Meymand P J. Shaking table scale model tests of nonlinear soil- pile- superstructure interaction in soft clay [M]. Berkeley：University of California，1998.

[11] 刘汉龙，周云东，高玉峰. 砂土地震液化后大变形特性试验研究 [J]. 岩土工程学报，2003，24 (2)：142-146.

[12] 凌贤长，王东升. 液化场地桩–土–桥梁结构动力相互作用振动台试验研究进展 [J]. 地震工程与工程振动，2002，22 (4)：51-59.

[13] 李雨润. 液化土层中桩基横向动力响应研究 [D]. 哈尔滨：中国地震局工程力学研究所，2006.

[14] Ashour M，Norris G. Lateral loaded pile response in liquefiable soil [J]. Journal of Geotechnical and Geo- environmental Engineering，2003，129 (6)：404-414.

[15] Klar A，Baker R，Frydman S. Seismic soil- pile interaction in liquefiable soil [J]. Soil Dynamics and Earthquake Engineering，2004，24 (8)：551-564.

[16] Weaver T J. Behavior of liquefying sand and CISS piles during full-scale lateral load tests [M]. San Diego：University of California，2001.

[17] 李辉, 赖明, 白绍良. 土–结动力相互作用综述 [J]. 重庆建筑大学学报, 1999, 21 (4): 112-116.

[18] 中华人民共和国铁道部. GB 50111—2006 铁路工程抗震设计规范 [S]. 北京: 中国计划出版社, 2006.

[19] 中交路桥技术有限公司. JTG B02—2013 公路工程抗震规范 [S]. 北京: 人民交通出版社, 2013.

[20] 招商局重庆交通科研设计院有限公司. JTGT B02-01—2008 公路桥梁抗震设计细则 [S]. 北京: 人民交通出版社, 2008.

[21] 张克绪, 凌贤长, 等. 岩土地震工程及工程振动 [M]. 北京: 科学出版社, 2016.

[22] Kubo K. Vibration test of a structure supported by pile foundation [C]. Santiago: Proc. 4th World Conf, Earthquake Eng, 1969, 6: 1-12.

[23] Kubo K. Experimental study of the behavior of laterally loaded piles [C]. Montreal: Proceedings of the 6th International Conference on Soil Mechanics and Foundation Engineering, 1965, 1 (2): 275-279.

[24] Kagawa T, Kraft L M. Seismic p-y responses of flexible piles [J]. Journal of the Geotechnical Engineering Division, 1980, 106 (GT84): 899-918.

[25] 刘惠珊. 桩基震害及原因分析——日本阪神大地震的启示 [J]. 工程抗震, 1999, (1): 37-43.

[26] Tang L, Ling X Z, Zhang X Y, et al. Response of a RC pile behind quay wall to liquefaction-induced lateral spreading: a shake-table investigation [J]. Soil Dynamics and Earthquake Engineering, 2015, 76: 69-79.

[27] 唐亮, 凌贤长, 徐鹏举, 等. 液化场地桩–土地震相互作用振动台试验数值模拟 [J]. 土木工程学报, 2012, 45: 302-306, 311.

[28] 唐亮. 液化场地桩–土动相互作用 p-y 曲线模型研究 [D]. 哈尔滨: 哈尔滨工业大学, 2010.

[29] Tang L, Ling X Z. Response of a RC pile group in liquefiable soil: a shake-table investigation [J]. Soil Dynamics and Earthquake Engineering, 2014, 67: 301-315.

[30] Su L, Tang L, Ling X Z, et al. Pile response to liquefaction-induced lateral spreading: a shake-table investigation [J]. Soil Dynamics and Earthquake Engineering, 2016, 82: 196-204.

[31] Liu C H, Tang L, Ling X Z, et al. Investigation of liquefaction-induced lateral load on pile group behind quay wall [J]. Soil Dynamics and Earthquake Engineering, 2017, 102: 56-64.

[32] Fiegel G L, Kutter B L. Liquefaction-induced lateral spreading of mildly sloping ground [J]. Journal of Geotechnical and Geoenvironmental Engineering, 1994, 120 (12): 2236-2243.

[33] Abdoun T H. Modeling of seismically induced lateral spreading of multi-layered soil and its effect on pile foundations [D]. New York: Rensselaer Polytechnic Institute, 1997.

[34] Wilson D W, Boulanger R W, Kutter B L. Observed seismic lateral resistance of liquefying sand [J]. Journal of Geotechnical and Geoenvironmental Engineering, 2000, 126 (10): 898-906.

[35] 苏栋, 李相崧. 可液化土中单桩地震响应的离心机试验研究 [J]. 岩土工程学报, 2006, 28 (4): 423-427.

[36] 汪明武, Tobita T, Iai S. 倾斜液化场地桩基地震响应离心机试验研究 [J]. 岩石力学与工程学报, 2009, 28 (10): 2012-2017.

[37] 王睿. 可液化地基中单桩基础震动规律和计算方法研究 [D]. 北京: 清华大学, 2014.

[38] 刘星. 可液化地基中群桩基础震动响应基本规律研究 [D]. 北京: 清华大学, 2018.

[39] Zhang S, Wei Y, Cheng X, et al. Centrifuge modeling of batter pile foundations in laterally spreading soil [J]. Soil Dynamics and Earthquake Engineering, 2020, 135: 106166.

[40] Li X W, Tang L, Man X F, et al. Liquefaction-induced lateral load on pile group of wharf system in a sloping stratum: a centrifuge shake-table investigation [J]. Ocean Engineering, 2021, 242: 110119.

[41] Ashford S A, Juirnarongrit T, Sugano T, et al. Soil-pile response to blast-induced lateral spreading. I: field test [J]. Journal of Geotechnical and Geoenvironmental Engineering, 2006, 132 (2): 152-162.

[42] Weaver T J, Ashford S A, Rollins K M. Response of 0. 6 m cast-in-steel-shell pile in liquefied soil under lateral loading [J]. Journal of Geotechnical and Geoenvironmental Engineering, 2005, 131 (1): 94-102.

[43] Rollins K M, Gerber T M, Lane J D, et al. Lateral resistance of a full-scale pile group in liquefied sand [J]. Journal of Geotechnical and Geoenvironmental Engineering, 2005, 131 (1): 115-125.

[44] Matlock H. SPASM 8: a Dynamic Beam-column Program for Seismic Pile Analysis with Support Motion [M]. Netherlands: Fugro, Incorporated, 1979.

[45] Novak M. Dynamic stiffness and damping of piles [J]. Canadian Geotechnical Journal, 1974, 11 (4): 574-598.

[46] Novak M, Nogami T. Soil-pile interaction in horizontal vibration [J]. Earthquake Engineering and Structural Dynamics, 1977, 5 (3): 263-281.

[47] Novak M, Aboul-Ella F. Impedance functions of piles in layered media [J]. Journal of the Engineering Mechanics Division, 1978, 104 (3): 643-661.

[48] Novak M, Sheta M. Approximate approach to contact effects of piles [J]. American Society of Civil Engineers, 1991: 53-79.

[49] Nogami T, Konagai K. Time domain axial response of dynamically loaded single piles [J]. Journal of Engineering Mechanics, 1986, 112 (11): 1241-1252.

[50] Nogami T, Konagai K, Otani J. Nonlinear pile foundation model for time-domain dynamic response analysis [C]. Proceedings of the 9th World Conference on Earthquake Engineering, 1988, 3: 593-598.

[51] Nogami T. Soil-Pile interaction model for earthquake response analysis of offshore pile foundations [C]. Proceedings of the 2nd International conference on Recent Advances in Geotechnical Earthquake Engineering and Soil Dynamics, page St Louis, 1991, 3: 2133-2137.

[52] Nogami T, Konagai K, Otani J. Nonlinear time domain numerical model for pile group under transient dynamic forces [C]. The 2nd International Conference on Recent Advances in Geotechnical Engineering and Soil Dynamics, 1991, 3: 881-888.

[53] Nogami T, Otani J, Konagai K, et al. Nonlinear soil-pile interaction model for dynamic lateral motion [J]. Journal of Geotechnical Engineering, 1992, 118 (1): 89-106.

[54] El Naggar M H, Novak M. Non-linear model for dynamic axial pile response [J]. Journal of geotechnical engineering, 1994, 120 (2): 308-329.

[55] El Naggar M H, Novak M. Effect of foundation nonlinearity on modal properties of offshore towers [J]. Journal of geotechnical engineering, 1995, 121 (9): 660-668.

[56] El Naggar M H, Novak M. Nonlinear lateral interaction in pile dynamics [J]. Soil Dynamics and Earthquake Engineering, 1995, 14 (2): 141-157.

[57] Rojas E, Valle C, Romo M P. Soil-pile interface model for axially loaded single piles [J]. Soils and foundations, 1999, 39 (4): 35-45.

[58] 唐亮, 凌贤长. 液化场地桩基侧向响应分析中 p-y 曲线模型研究进展 [J]. 力学进展, 2010, 40 (3): 263-283.

[59] Japanese Road Association. Specification for Highway Bridges, Part V, SeismicDesign [M]. Tokyo: Japanese Road Association, 1996.

[60] Design Standard for Railway Facilities Seismic Design [S]. Railway Technical Research Institute, 2002.

[61] Finn W D L, Fujita N. Piles in liquefiable soils: seismic analysis and designissues [J]. Soil Dynamics and Earthquake Engineering, 2002, 22 (9-12): 731-742.

[62] 陈文化, 孙巨平, 徐兵. 砂土地震液化的研究现状及发展趋势 [J]. 世界地震工程, 1999, 15 (1): 16-24.

[63] Mazzoni S, McKenna F, Scott M H, et al. OpenSees command language manual [J]. Pacific Earthquake Engineering Research (PEER) Center, 2006, 264 (1): 137-158.

[64] Finn W D L. An overview of the behavior of pile foundations in liquefiable and non-liquefiable soils during earthquake excitation [J]. Soil Dynamics and Earthquake Engineering, 2015, 68: 69-77.

[65] Tang L, Maula B H, Ling X Z, et al. Numerical simulations of shake-table experiment for dynamic soil-pile-structure interaction in liquefiable soils [J]. Earthquake Engineering and Engineering Vibration, 2014, 13 (1): 171-180.

[66] Tang L, Man X F, Zhang X Y, et al. Estimation of the critical buckling load of pile foundations during soil liquefaction [J]. Soil Dynamics and Earthquake Engineering, 2021, 146: 106761.

[67] 苏雷. 液化侧向扩展场地桩-土体系地震模拟反应分析 [D]. 哈尔滨: 哈尔滨工业大学, 2016.

[68] 刘春辉. 液化侧扩流场地桩基地震反应分析与抗震设计方法研究 [D]. 哈尔滨: 哈尔滨工业大学, 2018.

[69] 张效禹. 强震下液化场地桥梁桩基屈曲失效特性分析 [D]. 哈尔滨: 哈尔滨工业大学, 2018.

[70] Billah A H M M, Alam M S. Performance-based seismic design of shape memory alloyreinforced concrete bridge piers. I: development of performance-based damage states [J]. Journal of Structural Engineering, 2016, 142 (12): 04016140.

[71] Billah A H M M, Shahria Alam M. Performance-based seismic design of shape memory alloyreinforced concrete bridge piers. II: methodology and design example [J]. Journal of Structural Engineering, 2016, 142 (12): 04016141.

[72] Dicleli M, Milani A S. Performance-based seismic design of Bitlis River viaduct based on damage control using seismic isolation and energy dissipation devices [C]. IOP Conference Series: Materials Science and Engineering. IOP Publishing, 2017, 216 (1): 012053.

[73] Dimitriadi V E, Bouckovalas G D, Papadimitriou A G. Seismic performance of strip foundations on liquefiable soils with a permeable crust [J]. Soil Dynamics and Earthquake Engineering, 2017, 100: 396-409.

［74］柳春光，秦垒磊，张士博，等．基于性能的 RC 桥梁地震易损性分析［J］．世界地震工程，2016，32（1）：50-58．

［75］季正迪．基于性能的混凝土斜拉桥地震易损性分析［D］．西安：长安大学，2016．

［76］孟畅，唐亮．近岸液化场地高桩码头地震易损性分析［J］．岩土工程学报，2021，43（12）：2274-2282．

［77］惠舒清，唐亮，凌贤长，等．基于性态的液化场地多跨桥梁桩基地震反应分析［J］．世界地震工程，2022，38（1）：158-166．

［78］李建中，管仲国．桥梁抗震设计理论发展：从结构抗震减震到震后可恢复设计［J］．中国公路学报，2017，30（12）：1-9．

第2章 液化场地桩–土动力相互作用振动台试验

2.1 概　述

桩基具有承载力高、沉降量小、对地质条件要求低等优点，在桥梁建设中被广泛应用[1]。然而，震害调查表明，场地液化会引起桥梁桩基发生严重破坏[2]。振动台试验是研究液化场地桩–土动力相互作用最有效的方法之一，基于合理试验方案设计，可以直观再现土体中孔隙水压力发展、土体侧向与沉降变形、桩基变形破坏屈服机制与失效模式[3-5]。因此，本章基于同类振动台试验设计经验，完成液化场地桩基振动台试验设计，以钢筋混凝土桩基为研究对象，实施上覆黏土层的液化场地桩–土动力相互作用振动台试验，系统研究液化过程中桩–土动力相互作用规律，加深对液化场地桩–土动力相互作用机理的理解。

2.2　振动台试验方案设计方法

2.2.1　振动台与剪切土箱性能

在中国地震局工程力学研究所地震工程与工程振动实验室完成了液化场地桩–土动力相互作用振动台试验。试验采用电液伺服驱动式三向地震模拟振动台装置，主要性能参数见表2-1。试验层状土箱由景立平研究员等设计，见图2-1，尺寸为3.8m×2.0m×1.6m，土箱侧面设计有可供观察的有机玻璃窗孔，窗孔尺寸为1.2m×0.95m，并采用1cm厚有机玻璃密封。试验时，土箱与振动台面之间用螺栓固定。在试验过程中，在与振动方向垂直的土箱两侧内壁各设置一层厚100mm的海绵垫（用不透水薄膜密封），以减小土箱边界效应。

表 2-1　地震模拟振动台主要性能参数

特性	参数
振动方向	三向：x、y 与 z 向
台面尺寸	5m×5m

续表

特性	参数
最大试件质量	30t
台面质量	20t
最大位移	x 和 y 向：±80mm，z 向：±50mm
最大速度	±50cm/s
最大加速度	x 和 y 向 1.0g，z 向 0.7g
工作频率范围	0.5～40Hz
振动波形	正弦、随机与地震波

图 2-1　试验层状土箱

2.2.2　大型试验体的制备方法

1. 桩—柱墩预制

我国城市立交桥、高架桥及高速公路桥梁多采用钢筋混凝土桩基。为了兼顾工程应用及建立一般理论的需要，并且考虑到单桩动力特性研究是群桩动力分析的基础，选用钢筋混凝土单桩为研究对象。采用 C25 混凝土预制单桩柱墩，桩柱墩长为 2.32m，桩径 0.2m，配主筋 32Φ2 钢筋，箍筋 Φ1@20，其中桩顶部 0.22m、底部 0.2m 范围内的箍筋为 Φ1@10，混凝土保护层厚 5mm，配筋见图 2-2。桩—柱墩施工振捣方式、养护条件及材料性能与普通混凝土基本相同。桩顶配 240kg 质量块，模拟上部桥梁结构，桩尖与土箱底部固接。桩的几何参数与物理属性见表 2-2，振动台试验体设计与传感器布置见图 2-3。

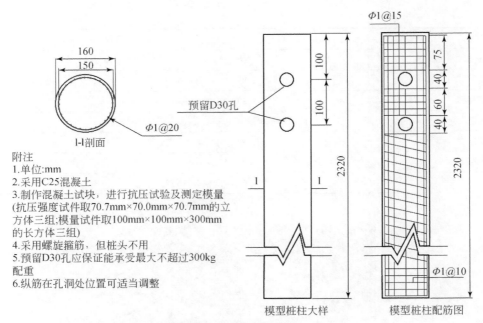

附注
1.单位:mm
2.采用C25混凝土
3.制作混凝土试块,进行抗压试验及测定模量
(抗压强度试件取70.7mm×70.0mm×70.7mm的立方体三组;模量试件取100mm×100mm×300mm的长方体三组)
4.采用螺旋箍筋,但桩头不用
5.预留D30孔应保证能承受最大不超过300kg配重
6.纵筋在孔洞处位置可适当调整

模型桩柱大样　　　　模型桩柱配筋图

图 2-2　桩–柱墩结构配筋图

表 2-2　桩的几何参数与物理属性表

材料	桩径 D /m	弹性模量 E /10^4 MPa	密度 ρ /(kg/m³)	泊松比 v	抗压强度 f_c /MPa
C25 混凝土	0.2	2.08	2400	0.2	16.5

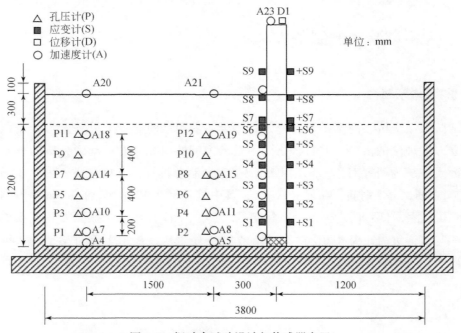

图 2-3　振动台试验设计与传感器布置

2. 地基制备

采用改进的水沉法制备饱和砂层（通过箱底放置排水软管缓慢放水），始终控制水面高于砂面10cm左右，以保证砂层充分饱和，同时在不同深度的砂层埋设相应传感器。为了保证砂层的均匀性，采用向箱内扬砂的形式制作饱和砂层。当砂层填满至预定高度时，对砂层表面进行轻微平整。静置数小时后，除去砂层顶部多余水至稍高砂面处，然后开始铺上30cm厚的粉质黏土作为上覆盖层。黏土层采用分层碾压、夯实制作。地基制备完毕后，在桩顶施加240kg配重，静置24h，模拟天然地基的固结。地基总厚度为1.5m，具有上覆0.3m厚的黏土层、下伏1.2m厚砂层的液化场地条件。试验用砂为哈尔滨砂，通过筛选控制砂土最大粒径为2mm。砂土不均匀系数C_u为3.375，曲率系数C_c为0.88，最大、最小干密度分别为1.92g/cm³和1.46g/cm³，砂的颗粒级配曲线见图2-4。试验前，现场钻孔取砂土和黏土土样，获得饱和砂土和黏土的物理参数，具体见表2-3和表2-4。

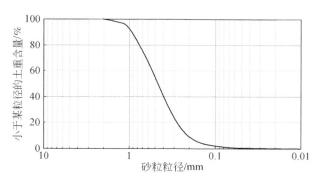

图 2-4　试验用砂的颗粒级配曲线

表 2-3　黏土的物理参数

重度/(kN/m³)	含水率 w/%	摩擦角 φ/(°)	残余抗剪强度 τ_γ/kPa
18.2	27.3	12	4.3

表 2-4　饱和砂土的物理参数

试验	相对密度 D_r/%	摩擦角 φ/(°)	土体有效重度 γ'/(kN/m³)	地基土压力模量系数 K/(kN/m³)
第一次试验	58	35	9.0	21700
第二次试验	72	39	10.0	39300

3. 地基土体边界条件模拟

为保证地基与实际场地边界条件较好吻合，采取以下方法：①参考陈清军等[6]研究成果，控制结构平面尺寸与地基的平面尺寸之比小于一定值，试验取地基平面长度与结构平面尺寸之比为 6；②在土箱与振动方向垂直的两侧内壁设置厚 0.1m 的海绵，减小土箱对地基土剪切变形的约束和对波反射作用[7]。

2.2.3　试验加载方案

借鉴国内外学者经验，较大地震波输入下的土体孔压急速上升并无累积过程，不利于建立可靠的 p-y 曲线[8]。因此，本章振动台试验主要输入正弦波，为第 3 章建立孔压累积过程中桩–土动力相互作用 p-y 曲线提供相关背景信息与基础数据。表 2-5 列出了试验中部分典型试验的加载工况。

表 2-5　加载工况

序号	工况编号	输入波形	幅值	频率/Hz	循环次数/次	相对密实度/%
1	A	白噪声（x 向）	0.002	—	—	58
2	B	正弦波（x 向）	0.10	1	20	58
3	C	正弦波（x 向）	0.10	2	20	58
4	D	正弦波（x 向）	0.15	2	20	58
5	E	正弦波（x 向）	0.10	1	20	72
6	F	正弦波（x 向）	0.10	2	20	72
7	G	正弦波（x 向）	0.15	2	20	72
8	H	El Centro 波	0.10	—	—	72

2.3　振动台试验结果分析

2.3.1　土体地震孔压响应与特征

图 2-5 为自由场土体孔压比时程。由图 2-5 可知，在 $0.1g$ 正弦波输入下，中密砂和密砂层土体孔压比均快速增大，但并未达到液化状态，土层自下而上孔压比显著增加。在 $0.15g$ 正弦波输入下，整个中密砂层土体达到液化状态，下部土体孔压比达到 1.0 的时间稍微滞后；密砂层土体孔压比几乎在振动结束时才达到 1.0，而下部土体孔压比未达到 1.0。此外，在相同幅值、不同频率的正弦波输入下，频率越高土体孔压增长越快。在相同正弦波输入下，密砂层土体孔压较中密砂层土体孔压增长慢，说明饱和松散砂层在地震作用下容易产生更高的孔压，这与预料的地震作用下中密砂和密砂土体孔压发展规律保持一致。

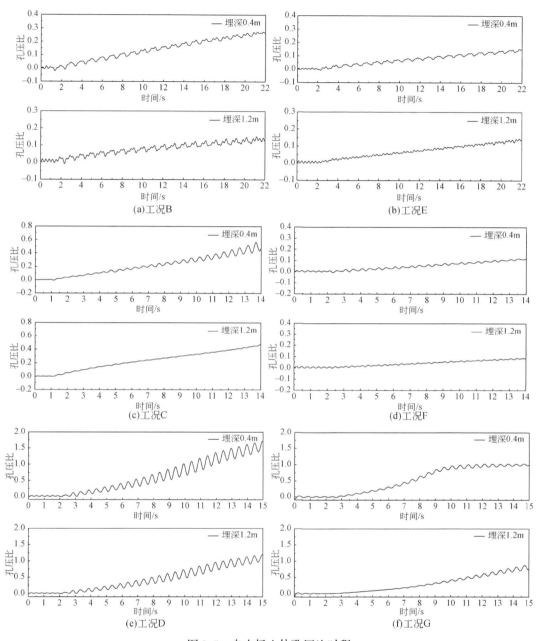

图 2-5　自由场土体孔压比时程

2.3.2　土体地震加速度响应与特征

图 2-6 为中密砂土层上部结构和自由场土体加速度响应时程。由图 2-6 可知，在 0.1g、1Hz 正弦波输入下，上部结构加速度、土体加速度与基底输入加速度幅值大小几乎

相同，未出现明显放大效应，自下而上土体加速度变化不明显。在 0.1g、2Hz 正弦波输入下，上部结构加速度、土体加速度表现出对基底加速度的放大效应，上部结构加速度放大效应最为显著。在 0.15g、2Hz 正弦波输入下，地表、土体加速度随着液化发展逐渐表现出对基底加速度的放大效应，尤其是上部结构响应表现出对基底加速度显著的放大效应；土体加速度时程逐渐增大，而上部结构加速度呈现先增后减趋势。

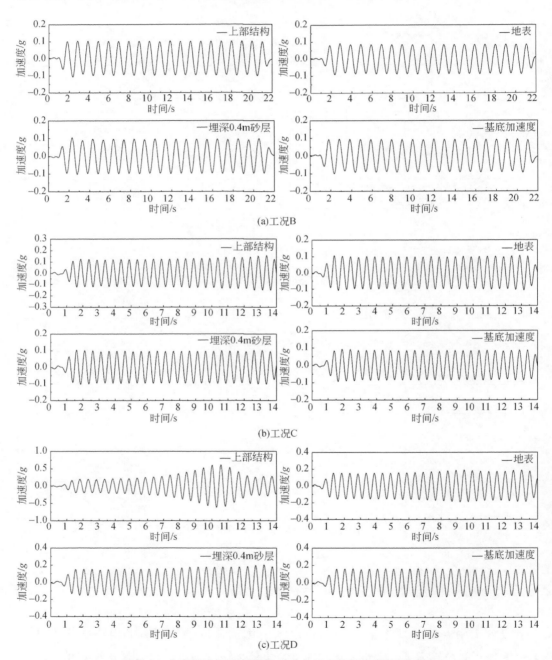

图 2-6　中密砂土层上部结构和自由场土体加速度响应时程

图 2-7 为在 0.15g、2Hz 正弦波输入下土体加速度与基底加速度时程对比。可以发现，在中密砂场地条件下，桩–土体系固有周期随着土体液化逐渐延长，而在密砂场地条件下，桩–土相互作用体系固有周期几乎未出现因土体液化而变长的现象；密砂土体加速度响应对基底加速度的放大效应更加显著，这主要由于正弦波作用下中密砂趋于软化所致。此外，中密砂和密砂层土体加速度响应未因液化而衰减。

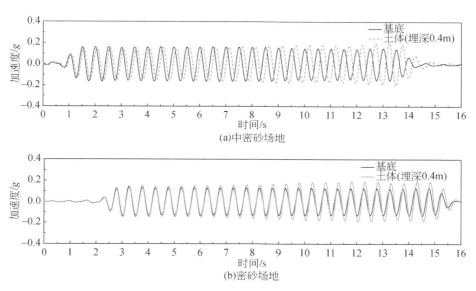

图 2-7 土体加速度与基底加速度时程对比

2.3.3 桩基地震弯矩响应与特征

为得到桩的弯矩时程，试验中将应变片沿土体侧向扩展方向，对称地贴在桩两侧。根据传统欧拉–伯努利梁理论[9]，对采集的试验数据按照式（2-1）进行整理得到桩的弯矩：

$$M = \frac{EI(\varepsilon_t - \varepsilon_c)}{2r} \tag{2-1}$$

式中，EI 为桩抗弯刚度，假定振动过程中桩处于弹性状态，EI 则为常数；ε_t、ε_c 分别为桩两侧拉应变和压应变（符号相反）；r 为桩的半径。

图 2-8 为在 0.15g、2Hz 正弦波输入下桩基弯矩响应时程。由图 2-8 可知，中密砂层桩基弯矩响应显著大于密砂层；中密砂层桩基弯矩时程呈现先增后减趋势，而密砂层桩基弯矩随着时间逐渐增大，并没有由于砂层液化而出现减小。不同埋深处桩基峰值弯矩分布如图 2-9 所示，可以看出，中密砂层桩基弯矩响应显著大于密砂桩基峰值弯矩，中密砂层桩基最大弯矩位于土层中部，而密砂层桩基最大弯矩出现在土层分界处。可见，中密砂层桩基弯矩不仅受到上部结构惯性效应的影响，随着土体孔压上升，液化场地桩–土运动相互

作用效应显现。

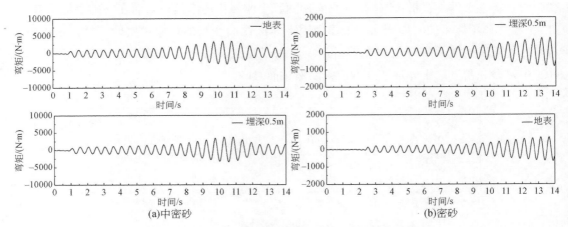

(a)中密砂　　　　　　　　　　　　　　　(b)密砂

图 2-8　0.15g、2Hz 正弦波输入下桩基弯矩响应时程

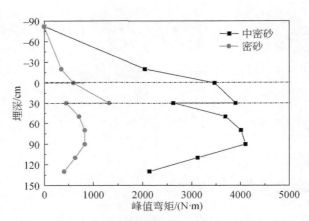

图 2-9　0.15g、2Hz 正弦波输入下桩基峰值弯矩分布

2.4　小　　　结

针对钢筋混凝土单桩–柱墩基础，实施不同峰值与频率的正弦波输入下液化场地桩–土–桥梁结构动力相互作用振动台试验，分析了不同液化场地条件下土体与桥梁桩基结构动力响应规律，得到以下主要结论。

（1）相同幅值、不同频率的正弦波输入下，频率越高土体孔压增长越快。相同正弦波输入下，密砂层土体孔压较中密砂层土体孔压增长慢。

（2）正弦波作用下中密砂趋于软化，致使密砂场地土体加速度响应对基底加速度的放大效应更加显著；不同于密砂场地，中密砂场地条件下桩–土体系固有周期随着土体液化延长。

（3）场地液化后，相比于密砂场地，中密砂场地桩-土运动相互作用更加明显，显著影响液化场地桩基峰值弯矩分布特征。

参 考 文 献

［1］陈国兴，金丹丹，常向东，等. 最近20年地震中场地液化现象的回顾与土体液化可能性的评价准则［J］. 岩土力学，2013，34（10）：2737-2755.

［2］Ishihara K. Liquefaction and flow failure during earthquakes［J］. Géotechnique，1993，43（3）：351-415.

［3］凌贤长，王臣，王志强. 自由场地基液化大型振动台模型试验研究［J］. 地震工程与工程振动，2003，23（6）：138-143.

［4］唐亮. 液化场地桩-土动相互作用 p-y 曲线模型研究［D］. 哈尔滨：哈尔滨工业大学，2010.

［5］张效禹. 强震下液化场地桥梁桩基屈曲失效特性分析［D］. 哈尔滨：哈尔滨工业大学，2018.

［6］陈清军，赵云峰，王汉东. 振动台模型试验中地基土域的数值模拟［J］. 力学季刊，2002，23（3）：407-409.

［7］王刚，张建民. 砂土液化变形的数值模拟［J］. 岩土工程学报，2007，29（3）：403-409.

［8］凌贤长，唐亮，于恩庆. 液化场地地震振动孔隙水压力增长数值模拟的大型振动台试验及其数值模拟［J］. 岩石力学与工程学报，2006，25（2）：3998-4003.

［9］Gerber T M. P-Y curves for liquefied sand subject to cyclic loading based on testing of full- scale deep foundations［D］. Provo：Brigham Young University，2003.

第3章 液化场地桩–土动力相互作用 p-y 曲线

3.1 概 述

通常，桩–土动力相互作用特征可以采用桩–土动力相互作用 p-y 曲线（简称"动力 p-y 曲线"）表征，p 为桩–土相互作用力，y 为桩–土相对位移[1]。动力 p-y 曲线也是桩–土动力相互作用试验中侧向承载能力的简易表示方法。因此，有必要开展液化场地桩–土动力相互作用 p-y 曲线特性研究[2,3]。本章根据振动台试验数据建立动力 p-y 曲线与可靠的技术途径，据此反算得到孔压累积过程中动力 p-y 曲线，分析并考察场地液化前、后动力 p-y 曲线的基本属性，加深对场地液化过程中桩–土动力相互作用机理的理解与认识。

3.2 液化场地桩–土动力相互作用 p-y 曲线建立方法

3.2.1 动力 p-y 曲线基本理论

在动荷载输入下，桩–土动力相互作用 p-y 曲线可由梁的基本理论根据式（3-1）、式（3-2），沿着桩身分布的弯矩 M 记录反算得到：

$$p = \frac{\mathrm{d}^2 M(x)}{\mathrm{d}x^2} \tag{3-1}$$

$$\frac{\mathrm{d}^2 y_{\mathrm{pile}}}{\mathrm{d}x^2} = \frac{M}{\mathrm{EI}} \tag{3-2}$$

式中，EI 为桩的抗弯刚度；p 为桩侧土压力；y_{pile} 为桩侧向位移；x 为土体埋深。

为了得到桩–土相对位移 y，需要单独计算土层位移，土层位移通过土层加速度记录积分得到。试验中没有获得有效的土压力时程记录，因此将实测桩的应变转换为弯矩。依据式（3-1）和式（3-2）中桩的弯矩与挠度之间的关系，沿埋深双重积分桩身弯矩并结合桩位移边界条件计算桩的侧向位移，双重微分桩身弯矩求解桩上土压力，如图 3-1 所示。然而，数值微分计算土压力误差很大，平滑弯矩数据使得计算结果仅产生 20% 的误差，但是数据的真实信息可能丢失[4]。求解土压力也可以采用加权残值法[5]、三次样条插值法[6]、拉格朗日乘子（Lagrange multiplier）法[7]及移动三次多项式方法[8]等数值微分方法。加权残值法并不适用于桩上弯矩节点较少问题求解且计算过程复杂。高次样条函数拟合桩的弯矩剖面时也存在不能准确、合理地拟合弯矩峰值等缺点。总体上，采用双重微分方法修正土压力为较优越的微分计算方法。

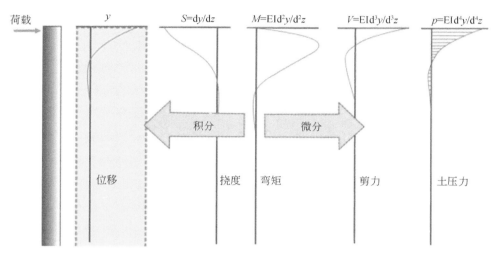

图 3-1　基于桩的弯矩建立动力 p-y 曲线示意图

3.2.2　桩–土相互作用力

基于上述方法，将相邻的每 5 节点区间上土压力处理成为一个线性函数，采用 Gerber 提出的最小二乘多项式拟合桩的弯矩并直接微分[9]，编程求解每一时刻土压力，具体求解步骤如图 3-2 所示。

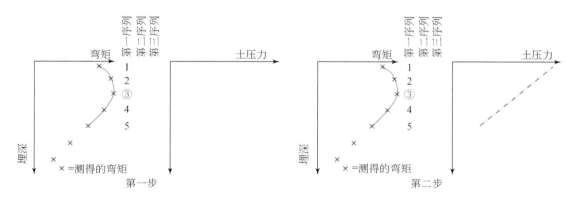

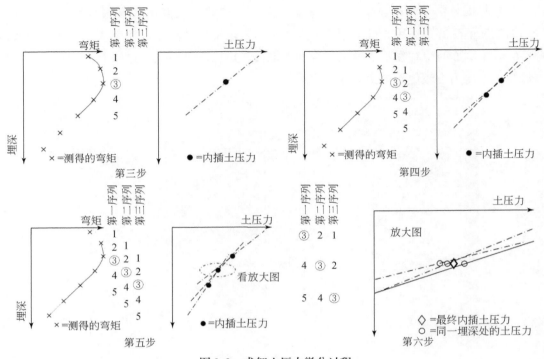

图 3-2　求解土压力微分过程

第一步：采用三次多项式拟合第一个 5 节点区间内弯矩值；

第二步：对三次多项式二次微分，确定第一个 5 节点区间内桩上线性土压力分布；

第三步：求解第一个 5 节点区间内中心点位置的函数值并得到该位置的土压力；

第四步：通过向上或向下移动一个节点组建下一个 5 节点区间，重复上述过程；

第五步：求解前一个、当前和后一个 5 节点区间的中间节点处函数值；

第六步：求解三个线性函数在中心点处的平均值得到土压力最终值。

为了使桩的最上部或最下部的弯矩节点处于拟合多项式中心之上，需要在土层之上或桩端以下桩上分别额外增加两个人造节点。位于桩上部的人造弯矩节点与真实节点应该与相邻的真实节点距离相似（即人造弯矩节点与相邻的真实节点排列方式一致）。在地表之上，桩的倾角不变，桩顶自由，且弯矩为零，桩上人造节点的弯矩可以通过外推法得到。外推时应保持地表之上桩的斜率不变且桩顶自由，通过上部结构时，桩的弯矩为零，给这些人造节点赋予弯矩值相当于扩展桩上实测弯矩剖面图。对于离地表处桩最近的两个测点，采用外推弯矩方法确定桩上土压力。因上部结构处桩的弯矩为零，且地表处桩的弯矩已知，所以上部结构处到地表之间桩的弯矩保持线性变化关系。这样便可确定距离地表处桩到上部结构处之间等间距相邻两点的弯矩。若地表处桩的弯矩未知，可采用迭代方法求解桩的弯矩。

合理确定桩端部以下桩上两个虚拟节点的弯矩值难度更大。这种差异造成将桩的弯矩图外推至桩下部一定深度处变得异常困难。为此，采用迭代误差最小化的修正曲率–面积方法解决上述问题。具体为赋予人造节点任一弯矩值（与埋深呈线性关系）；采用三次多项式方法计算出相应的土压力；将土压力代替测得的曲率应用到曲率–面积方法中；通过迭代方法保证测得的数据与反算出桩上弯矩之差平方的总和最小化，即可以确定人造节点的弯矩值。研究表明，上述求解土压力方法有别于过去惯用的方法且得到的解能够唯一地代表桩的弯矩值[10]。

3.2.3　桩的侧向动位移

研究表明，沿埋深拟合桩弯矩多项式，随后直接积分求解桩的侧向位移，精度主要依赖于实测的边界条件[9]。因此，采用地表处桩的倾角作为边界条件存在一定难度。为了使内插桩的弯矩数据产生较小误差，采用基于梁的基本理论导出的曲率–面积方法计算桩的侧向位移，也称为第二弯矩–面积理论，如图 3-3 所示。其中，点 A 和点 B 表示简支梁端点，点 C 表示距离简支梁端点 4/7 的位置，点 D 表示距离简支梁端点 6/7 的位置。

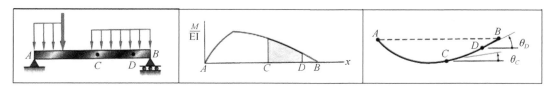

图 3-3　弯矩–面积理论推导过程

根据梁的力学理论得到以下基本方程：

$$EI \frac{1}{\rho} = EI \frac{d^2 y}{dx^2} = -M(x) \tag{3-3a}$$

$$EI\theta \approx EI \frac{dy}{dx} = -\int_0^x M(x)\,dx + C_1 \tag{3-3b}$$

$$EIy = -\int_0^x dx \int_0^x M(x)\,dx + C_1 x + C_2 \tag{3-3c}$$

式中，EI 为梁的抗弯刚度；ρ 为梁的曲率半径；y 为梁的变位；θ 为梁的倾角；$M(x)$ 为 x 处梁的弯矩；C_1 和 C_2 为积分常数。

梁受到任意荷载，得到如下表达式。

$$\frac{d\theta}{dx} = \frac{d^2 y}{dx^2} = -\frac{M(x)}{EI} \tag{3-4a}$$

$$\int_{\theta_C}^{\theta_D} d\theta = -\int_{x_C}^{x_D} \frac{M(x)}{EI}\,dx \tag{3-4b}$$

$$\theta_D - \theta_C = -\int_{x_C}^{x_D} \frac{M(x)}{\text{EI}} \text{d}x \tag{3-4c}$$

据此，得到第一弯矩–面积理论，即 $\theta_{D/C}$ 等于梁的 M/EI，也就是图 3-3 中点 C 到点 D 的面积。

通过曲线上点 P 和点 P' 的切线在点 C 竖直线上截取长 $\text{d}t$ 的一段线段，见图 3-4，给出了竖直平面内点 D 点 C 的水平变位 $t_{C/D}$，可以表示如下：

$$\text{d}t \approx x_1 \text{d}\theta = -x_1 \frac{M}{\text{EI}} \text{d}x \tag{3-5a}$$

$$t_{C/D} = -\int_{x_C}^{x_D} x_1 \frac{M}{\text{EI}} \text{d}x \tag{3-5b}$$

$$y = t_{C/D} = \int_{x_C}^{x_D} x_1 k(x) \text{d}x \tag{3-5c}$$

$$k(x) = \frac{1}{\rho}(x) \tag{3-6}$$

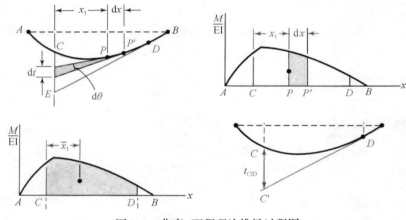

图 3-4　曲率–面积理论推导过程图

据此，可得到曲率–面积理论。$t_{C/D}$ 为点 D 相对点 C 的切线偏离量，x_1 为积分单元 $\text{d}x$ 与计算点 D 之间的距离。假定桩尖相对土箱位移为零且有初始倾角，则桩的侧向变位 y 等于曲率图 3-4 上点 C 与点 D 之间的面积相对于计算点的一阶惯性矩。在曲率图面积计算中，节点之间采用线性线段插值。该方法本质上为分段双重积分法，主要依赖于桩的边界条件。试验中桩尖与箱底固接，满足了计算要求。

3.2.4　桩–土相对动位移

为了得到桩–土相对动位移 y_{sp}，需确定试验中远离桩的竖向土层（自由场运动）动位移响应 y_{s}，以代替自由场地位移时程。采用同济大学土木工程防灾国家重点实验室施卫星教授提出的双重积分法对土层记录加速度时程反算，采用振动台试验数据处理程序将加速度时程转化为位移时程。对任一时刻，根据不同深度处砂层位移时程，通过二次多项式 $y_s=a_0+ax_k+a_2x_k^2$ 拟合表示任一深度处砂层位移，其中 $x_k(k=1,2,3,4)$ 为砂层埋深，由 $y_s=a_0+ax_k+a_2x_k^2$ 求出对应的 4 个 $y_s(x_k)$ 值，并得到含有 a_0、a_1 和 a_2 的 4 个方程。按照最小二乘法，保证位移计算值和试验值之间误差的平方和最小，求出待定系数 E_r 的最佳逼近值。据此确定任一深度处砂层位移时程 y_s，减去同一水平位置处桩的位移，进而得到振动值桩-土相对位移 y_{sp}。

$$E_r = \sum_{k=1}^{4} \left[a_0 + a_1 x_k + a_2 x_k^2 - y_s(x_k) \right]^2 \tag{3-7}$$

为了满足 E_r 最小，令 E_r 对于每一个待定系数的偏导数为零：

$$\frac{\partial E_r}{\partial a_i}=0 \quad (i=0,1,2) \tag{3-8}$$

3.2.5　方法可靠性检验

通过桩顶加速度时程记录单独计算出桩顶位移时程用于核对计算出的桩位移的可靠性。图 3-5 为桩顶加速度反算上部结构位移与计算桩顶位移时程对比，结果表明大多数时间两者吻合较好，说明了本书介绍的求解桩变位方法具有可靠性。图 3-6 给出了 0.15g、1Hz 正弦波输入下，通过桩-土压力反算弯矩与实测弯矩的时程对比，两者吻合良好。

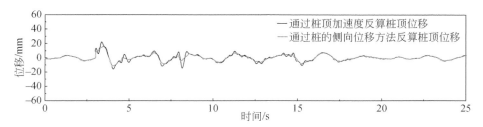

图 3-5　0.1g El Centro 波输入下桩顶加速度反算上部结构位移与计算桩顶位移时程对比

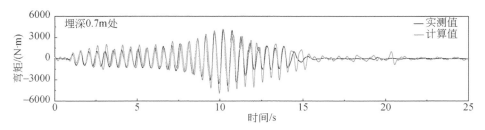

图 3-6　0.15g、1Hz 正弦波输入下计算得到土压力反算弯矩与实测弯矩时程对比

3.3　液化场地桩-土动力相互作用 p-y 曲线特性

3.3.1　土体液化前动力 p-y 曲线基本特性

采用上述方法建立液化场地桩-土动力相互作用 p-y 曲线。考虑到正弦波输入下可液化砂土动力 p-y 曲线较规则且对称,将动力 p-y 曲线的近似长轴的顶点连接成线,并将该直线的斜率定义为动力 p-y 曲线的主斜率。该斜率基本可以反映出桩周土的侧向刚度。而动力 p-y 曲线滞回圈面积一定程度上表现出桩-土动力相互作用的耗能效应。

图 3-7 和图 3-8 分别给出了 $0.1g$、$1Hz$ 正弦波和 $0.1g$、$2Hz$ 正弦波输入下中密砂、密砂动力 p-y 曲线对比情况。针对同一种砂,相同幅值的 $2Hz$ 正弦波较 $1Hz$ 正弦波输入下的土压力更大,土的动刚度也更大,而且动刚度较土压力提高更显著,这主要是由荷载加载速率引起的,显示了桩上土压力对桩-土相对位移速率具有很大的依存性。此外,相同的规律也体现在密砂动力 p-y 曲线中,只是随着砂层液化加深,二者差别逐渐加大,并以中密砂规律尤为明显。

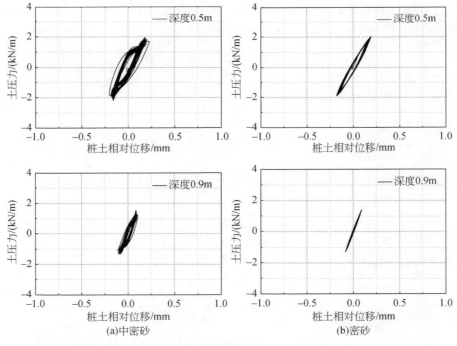

图 3-7　$0.1g$、$1Hz$ 正弦波输入下砂土动力 p-y 曲线

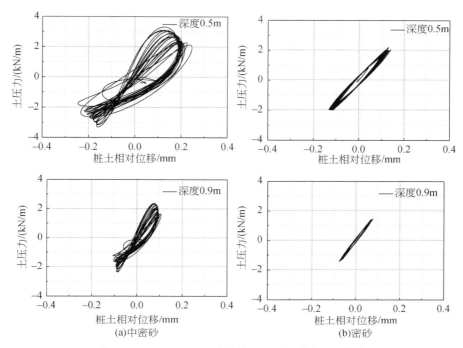

图 3-8　0.1g、2Hz 正弦波输入下砂土动力 p-y 曲线

3.3.2　场地液化后动力 p-y 曲线基本特性

由图 3-9 可见，随着桩-土相对位移的增加，曲线逐渐变刚，最大土压力比排水条件下饱和砂土的土压力要大（美国石油协会建议 0.5m 埋深处极限土压力约为 9.88kN/m)[11]。为了考察砂土液化过程以及可液化砂土 p-y 曲线形式的变化情况，将 0.5m 埋深处砂土动力 p-y 曲线分为两段：孔压比未达到 1.0 砂土动力 p-y 曲线绘制在图 3-10（a）；孔压比达到 1.0 之后砂土动力 p-y 曲线对应图 3-10（b）。可以发现，动力 p-y 曲线形状出现由上 "凸" 形到上 "凹" 形的明显转变过程，砂土表示为剪胀特性，这主要由于液化后中密砂在大剪应变作用下，可逆应变分量增加速率超过了不可逆应变分量增加速率。随着孔压上升，动力 p-y 曲线刚度呈现逐渐软化，见图 3-10（a）。液化后，液化砂土动力 p-y 曲线在桩-土相对大变位条件下，砂土刚度出现增加趋势。

液化场地动力 p-y 曲线与实际工程中广泛采用的 p-y 曲线在形状与幅度上存在一些差异[12]。研究表明，液化砂土在达到某一变位前刚度极低，超过该变位后刚度将达到很高值；动力 p-y 曲线的形状几乎为上 "凹" 形，与非液化砂土 p-y 曲线呈上 "凸" 形形成鲜明对比[13]。采用常规动力 p-y 曲线并不能反映液化砂土的应力-应变关系特征，液化后阶段砂土的应力-应变响应呈现膨胀性且模量随着应变增加而增加。一般而言，土的

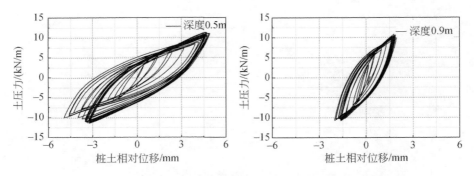

图 3-9　0.15g、2Hz 正弦波输入下中密砂动力 p-y 曲线

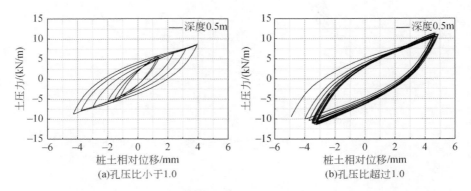

图 3-10　0.15g、2Hz 正弦波输入下中密砂动力 p-y 曲线分段

荷载–位移关系中主要参数为土的刚度与强度。瞬间振动中，土的刚度起着重要作用。研究表明，土–桩相对运动很小（土尚未达到极限承载力），桩侧土压力依赖于土的初始刚度与变形[14]。相反，桩–土相对运动较大，土的强度为重要的控制参数，此时土对桩的作用力由土的极限强度决定。将液化砂土 p-y 曲线的形状选为上"凹"形，不管振动幅度大小，桩的侧向响应分析必然发生改变。小幅振动中，液化砂土初始刚度与强度的丧失将扩大桩的 p-Δ 效应并有助于促进桩发生屈曲失效破坏[13]。然而，选用上述上"凹"形的液化砂土 p-y 曲线，桩–土相对运动较大时，液化砂土可获得更高的强度和刚度等有利条件，这可能有助于防止桩基失稳破坏进而导致结构完全坍塌。可见，液化场地动力 p-y 曲线的形状、强度与刚度对桩的侧向响应影响很大，桩–土相互作用对 p-y 曲线的影响亦明显。

3.4　小　　结

本章直接针对液化场地桩–土动力相互作用振动台试验，研究液化场地桩–土动力相互作用 p-y 曲线建立方法，分析了中密砂和密砂动力 p-y 曲线的基本特性，得到以下主要结论。

（1）基于梁的基本理论，建立了液化场地桩–土动力相互作用 $p\text{-}y$ 曲线的可靠技术途径，给出土层分界处桩的弯矩内插函数处理细节、桩–土动力相互作用力与桩的侧向动位移计算方法及桩–土相对动位移求解过程，并提出了验证方法。

（2）正弦波频率越高，桩上土压力和土的动刚度越大；密砂动力 $p\text{-}y$ 曲线刚度较中密砂动力 $p\text{-}y$ 曲线刚度要大；注意到孔压比达到 1.0，砂土仍有相当大的土压力。

（3）场地液化后，随着桩–土相对位移的增加，曲线逐渐变刚；由于液化后中密砂在大剪应变作用下，可逆应变分量增加速率超过了不可逆应变分量增加速率，致使动力 $p\text{-}y$ 曲线形状出现由上"凸"形到上"凹"形的明显转变过程。

（4）液化场地桩–土相互作用土压力不仅与桩周土刚度有关，还与桩–土相对位移密切相关，选用上"凹"形的液化砂土 $p\text{-}y$ 曲线，桩–土相对运动较大时，液化砂土获得了更高的强度和刚度，这可能有助于防止桩基失稳破坏。

参 考 文 献

［1］ Sawamura Y, Inagami K, Nishihara T, et al. Seismic performance of group pile foundation with ground improvement during liquefaction ［J］. Soils and Foundations, 2021, 61 (4)：944-959.

［2］ Motamed R, Towhata I. Shaking table model tests on pile groups behind quay walls subjected to lateral spreading ［J］. Journal of Geotechnical and Geoenvironmental Engineering, 2010, 136 (3)：477-489.

［3］ 高盟，尹诗，徐晓，等. 可液化场地大直径扩底桩的动力 $p\text{-}y$ 曲线特征研究 ［J］. 地震工程学报，2019, 41 (4)：916-924.

［4］ Matlock H, Ripperger E A. Measurement of soil pressure on a laterally loaded pile ［C］. American Society for Testing Materials, 1958.

［5］ Wilson D W, Boulanger R W, Kutter B L. Lateral resistance of piles in liquefying sand ［C］. Analysis, Design, Construction, and Testing of Deep Foundations, ASCE, 1999.

［6］ Dou H, Byrne P M. Model studies of boundary effect on dynamic soil response ［J］. Canadian Geotechnical Journal, 1997, 34 (3)：460-465.

［7］ Ting J M. Full-scale cyclic dynamic lateral pile responses ［J］. Journal of Geotechnical engineering, 1987, 113 (1)：30-45.

［8］ 刘汉龙，周云东，高玉峰. 砂土地震液化后大变形特性试验研究 ［J］. 岩土工程学报，2002, 24 (2)：142-146.

［9］ Gerber T M. P-Y curves for liquefied sand subject to cyclic loading based on testing of full-scale deep foundations ［D］. Provo：Brigham Young University, 2003.

［10］ Muto T, Iguchi M. Identification of nonlinear dynamic soil resistance to pile ［J］. Journal of Structural and Construction Engineering (Transactions of AIJ), 2000, 65 (534)：49-56.

［11］ Institute A P. Recommended practice for planning, designing, and constructing fixed offshore platforms ［M］. Washington：American Petroleum Institute, 1987.

［12］ Cannillo V, Mancuso M. Spurious resonances in numerical time integration methods for linear dynamics ［J］. Journal of Sound and Vibration, 2000, 238 (3): 389-399.

［13］ 冯士伦. 可液化土层中桩基横向承载特性研究 ［D］. 天津: 天津大学. 2004.

［14］ 王建华, 戚春香, 余正春, 等. 弱化饱和砂土中桩的 p-y 曲线与极限抗力研究 ［J］. 岩土工程学报, 2008, 30 (3): 7.

第4章 液化场地桩-土动力相互作用振动台试验数值模拟

4.1 概 述

　　振动台试验耗时长、不可控因素多、费用高，而且能够考虑的影响因素有限。因此，数值模拟方法作为一种有效模拟液化场地土体液化效应、土体孔压增长与消散、桩-土相对位移和桩基动力特性的手段，广泛用于液化场地桩-土动力相互作用分析问题中[1]。本章基于已完成的振动台试验，借助地震工程模拟开放系统（OpenSees）有限元法计算平台建立液化场地群桩-土-上部结构动力相互作用有限元模型。OpenSees 是美国国家科学基金会赞助，由太平洋地震工程中心创建的一个面向对象的开源有限元软件框架，用于开发有限元应用程序来模拟岩土体和结构物在地震作用下的响应，主要采用 C++编写，并使用几个 Fortran 数值库来求解线性方程，是土木工程学术界广泛使用的有限元分析软件和地震工程模拟平台。基于动力比奥理论将饱和土体模拟为两相介质，采用水-土动力耦合的 u-p 有限元公式模拟水的孔压和土颗粒的变形，选用多屈面塑性本构模型模拟黏土和饱和砂土，采用梁-柱单元模拟和考虑体积效应的刚性连接处理方法模拟桩-土相互作用，基于振动台试验结果验证数值模型的可靠性，建立可用于液化场地桩-土动力相互作用分析的三维有限元模拟方法，为研究动力 p-y 曲线影响因素与基本特性提供有力手段。

4.2 基本假定

　　数值模型基本假定如下：

（1）初始状态下，相同埋深处的土体均匀、一致；

（2）处于水位线以下的各类土体完全饱和；

（3）模型底部及两侧封闭不排水，处于水位线以上的各类土体完全排水；

（4）各类结构物的质量和自重由桩节点承担，并基于网格尺寸进行分配，动力分析时将产生惯性力；

（5）模型底部性质与刚性基岩一致[2]。

4.3　土体本构模型

4.3.1　黏土本构模型

在数值模拟中，本构模型的合理选取直接关系到数值模型能否真实再现动力过程中土体的实际受力特性。黏土采用土的多屈服面塑性本构模型模拟[3]，该模型用非线性滞回材料模拟黏土，使其具有冯·米塞斯多屈服面运动塑性变形特征，见图 4-1，其中 τ 为剪应力，γ 为剪应变。这一本构模型特别关注土的滞后弹塑性剪切特性（包括永久变形）。在模型中，塑性仅出现在偏应力–应变响应中。体应力–应变响应视为线弹性响应，与偏分量无关，然而在单调或循环输入下，土的剪切属性则与围压关系不密切。基于多屈服面（嵌套面）的概念，依据著名的普罗沃斯特（Provost）法则得到具有相关联流动法则的塑性并给出表达式。模型中，非线性剪应力–应变骨架曲线采用两个材料常数——低应变剪切模量和极限剪切强度定义并通过双曲线关系表示。Yang[4] 将该模型在 OpenSees 中实现，即多屈服面塑性（pressure independ multi yield）材料[5]。

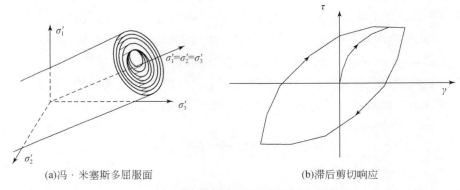

(a)冯·米塞斯多屈服面　　　　　　　　　　　　(b)滞后剪切响应

图 4-1　冯·米塞斯多屈服面运动塑性模型

4.3.2　饱和砂土本构模型

饱和砂土的本构模型采用土的多屈服面塑性本构模型模拟[3]。该模型基于初始多屈服面塑性理论（Prevost 模型理论框架），采用多屈服面方法模拟砂土循环滞后响应，特别考虑液化引起中密砂、密砂永久剪应变积累效应，并引入合适的加载–卸载流动法则模拟循环荷载输入下砂土的偏体应变耦合效应（膨胀砂土的收缩、理想塑性和膨胀特性），重现试验观察到在大的循环剪切荷载输入下砂土出现的明显膨胀趋势及循环剪切刚度和强度增大（循环流滑机理）的现象。此外，为了数值计算更稳定且高效，模型融入新的硬化准则。Yang[4]将该模型在 OpenSees 中实现，即多屈服面塑性材料[5]。

1. 本构方程

砂土的本构方程采用增量形式表述如下：

$$\dot{\sigma}' = E : (\dot{\varepsilon} - \dot{\varepsilon}^p) \tag{4-1}$$

式中，$\dot{\sigma}'$ 为有效柯西应力变化率张量；$\dot{\varepsilon}$ 为应变变化率张量；$\dot{\varepsilon}^p$ 为塑性应变变化率张量；E 为各向同性弹性系数四阶张量。

塑性应变变化率张量定义为 $\dot{\varepsilon}^p = P\langle L \rangle$，$P$ 定义为应力空间中塑性应变方向的对称二阶张量，L 为塑性加载函数，符号 $\langle\,\rangle$ 为麦考利括号 [即 $\langle L \rangle = \max(L, 0)$]。塑性加载函数 L 定义为

$$L = Q : \dot{\sigma}'/H' \tag{4-2}$$

式中，H' 为塑性模量；Q 为定义在应力点处屈服面法向单元对称二阶张量。

2. 屈服函数

在 $p' \geqslant 0$ 区域内，按 Prevost[6] 给出的形式选用屈服函数 f，主应力空间和偏平面上圆锥形屈服面见图 4-2，公式如下所示：

$$f = \frac{3}{2}[s - (p' + p'_0)\alpha] : [s - (p' + p'_0)\alpha] - M^2 (p' + p'_0)^2 = 0 \tag{4-3}$$

式中，s 为偏应力张量；$p' + p'_0$ 为平均有效应力；α 为屈服面坐标的二阶运动偏张量；M 为屈服面大小（通过摩擦角确定最外的屈服面）；":" 为两个张量的双点积。

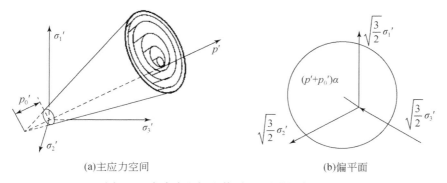

(a)主应力空间　　　　　　　　　　(b)偏平面

图 4-2　主应力空间和偏平面上圆锥形屈服面

一般 p' 选为很小的正常数（这里选为 1.0kPa），保证屈服面大小在 $p' = 0$ 有限范围内，使得数值易实现且避免在屈服面最高点处定义的屈服面法线产生混淆。基于多屈服面塑性理论，一系列具有共同锥顶和不同大小的相似屈服面形成强化区域，每一个面与不变的塑

性模量相关联。通常，最外面指定为破坏面，假设弹性模量和塑性模量与 p' 的平方根呈比例增长。

为了闭合屈服函数末端敞口，引入帽子形的屈服函数[7]。研究表明，正常围压下沿着球形应力轴正方向的应力路径引起相对小的应变[8]。所以，在剪切作用占主导作用的荷载路径下，更多选择维持简单状态，未引入帽子形屈服函数[6,8,9]。通常，验证帽子形屈服函数循环加载试验数据很少，仍需深入实施多屈服面理论背景的研究。因此，本书未选用帽子形屈服函数。

3. 流动法则

在塑性理论框架内，剪应变和体应变变化（收缩和膨胀）之间的转变通常通过指定适当的非关联流动法则处理[6,9-11]。在当前模型中，流动法则偏分量是相关联的，非相关性仅限制体积分量。P 定义为塑性流动方向，体积分量 P'' 定义为与试验观察到砂土膨胀和收缩结果一致的量值。相应地，P'' 确定流动准则非关联的程度，通过式（4-4）给出：

$$3P'' = \frac{1-(\eta/\bar{\eta})^2}{1+(\eta/\bar{\eta})^2}\Psi \tag{4-4}$$

式中，η 为有效应力比，$\eta=[(2/3s:s)^{1/2}]/p'$，$\bar{\eta}$ 定义为相位转化（PT）面上的材料参数；Ψ 为新引进的标量函数。

Ψ 用于通过固结应力水平和累积塑性应变确定砂土收缩和膨胀的幅值。Popescu 和 Prevost[12]采用标量材料参数替代函数 Ψ。注意到，$(\eta/\bar{\eta})^2-1$ 正负号表示砂土的收缩或膨胀：如果符号为负，应变点位于相变面以下，砂土收缩；如果符号为正，应变点位于相变面以上，剪荷载输入下砂土膨胀。此外，加载时相应的 η 增加，卸载时相应的 η 减小。低围压水平下，膨胀发生之前或许已经给定塑性应变累积（图4-3中相位1~2）。

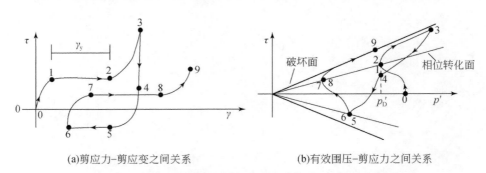

(a)剪应力-剪应变之间关系　　　(b)有效围压-剪应力之间关系

图4-3　本构模型中剪应力、有效围压和剪应变关系示意图

4. 硬化准则

据 Prevost[6]研究成果，应用完全偏运动硬化准则表示如下：

$$p' \dot{\alpha} = b\mu \tag{4-5}$$

式中，μ 为定义平移方向的偏张量；b 为通过相容性指示的标量幅度。

　　为了提高计算效率，平移方向 μ 通过新规则确定，遵循共轭点接触概念[13]。因此，破坏包络线内所有屈服面可能转移到破坏包络线内的应力空间中。

　　采用纯偏运动强化准则模拟砂土循环滞后响应。基于多屈服面塑性理论，通过屈服面不重叠考虑屈服面平移。连续相似面 f_m 和 f_{m+1} 之间接触只发生外法线相同方向上共轭点处。为此，Mroz[13] 建议采用作用面 f_m 上当前（偏）应力状态 s 和向外下一个面 f_{m+1} 上共轭点 R 定义转化方向 μ 如下：

$$\mu = \frac{M_{m+1}}{M_m}\left[s-(p'+p_0')\alpha_m\right] - \left[s-(p'+p_0')\alpha_{m+1}\right] \tag{4-6}$$

式中，$(p'+p_0')\alpha_m$、$(p'+p_0')\alpha_{m+1}$ 分别为偏平面 f_m 和 f_{m+1} 的中心。阴影区域的平移轨迹线，见图4-4，其中 R 为平移轨迹。随着平移方向的确定，通过满足一致性条件 $f=0$ 得到平移量 $d\mu$。更新作用面 f_m 之后，沿着面 f_{m+1} 上更新的应力状态（$s+ds$）相切平移所有内部面。随后，采用 Dafalias 和 Popov[14] 提出的双面模型以及 Prevost[6] 建立的多屈服面模型中 ［式（4-6）］的平移规则。

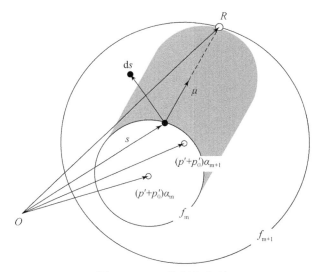

图 4-4　Mroz 偏硬化准则

　　基于数值实践经验，特定荷载条件下 Mroz 法则 ［式（4-6）］计算要求更高，低围压水平下偏平面上屈服面逐渐变小，这种现象特别明显。如此，甚至随着很小应力增量条件下，更新的应力状态（$s+ds$）仍可能位于内部面平移轨迹外部（图4-4），而且可能不满足一致性条件。很难采用较小的荷载增量修正这个问题（即采用有限元计算边界问题），有时实际上不可能实现。

　　鉴于上述，新的平移法则 μ 定义如下：

$$\mu = \left[s_{\mathrm{T}} - (p' + p_0')\alpha_{\mathrm{m}} \right] - \frac{M_{\mathrm{m+1}}}{M_{\mathrm{m}}} \left[s_{\mathrm{T}} - (p' + p_0')\alpha_{\mathrm{m+1}} \right] \tag{4-7}$$

式中，s_{T}为定义在 T 位置处偏应力张量（图 4-5），T 点在 $f_{\mathrm{m+1}}$ 面与连接内部面中心（$p' + p_0'$）α_{m} 和更新应力状态（$s + \mathrm{d}s$）向量的交叉点。该法则基于 Mroz 提出的共轭点概念和保证屈服面不重叠[13]。为了定义共轭点采用 T 点可以消除上面提到的数值难题，而且更新的应力状态总在内部转化面轨迹线内，以及确定面的平移轨迹及内部面不断减小，即边界面公式中弹性区域逐渐消失，Dafalias 和 Popov[15] 提出了更新应力状态的概念。值得一提的是，新的平移法则也应用在应力子空间中，在这一空间中一个或者更多应力分量可能不存在。

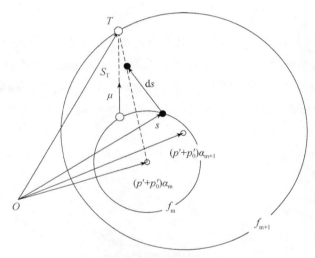

图 4-5　新的偏硬化准则

4.4　桩体模拟方法

在 OpenSees 系统中可以将桩模拟为实体单元[16]，由于三维实体单元的构成使得节点只能在三个自由度方向上发生平移运动，不能考虑转动效应。同时，为了更容易得到桩上土压力及位移，将桩模拟为基于欧拉–伯努利梁理论建立的线弹性的梁–柱单元并赋予截面属性[17]，包括桩的截面面积、杨氏模量、剪切模量和旋转模量。梁单元定义为在长度方向上基于张量运算和高斯–洛巴托（Gauss-Lobatto）正交法则进行积分的等截面形式，每一个梁单元具有 6 个自由度，每一个单元采用 5 个积分点。

4.5　桩–土界面模拟方法

目前，在 OpenSees 体系中有三类模型可以模拟桩–土相互作用过程：独立连接模型、实体单元模型和桩体挖空模型，如图 4-6 所示。在独立连接模型中，采用梁单元模拟桩而采用实体单元模拟土体，桩单元与单独的土节点相连，土节点从属于每层土网格中心桩节点，应力从桩上转移到土体相应节点之上，此时只考虑压力条件下桩与土的强度。该方法最大缺陷是不能精确地考虑桩的几何截面属性，即使定义了桩的截面特性，也不能考虑邻近桩周且抵抗桩运动的土体。因此，进一步发展了实体单元模型。尽管实体单元模型可以考虑桩的横截面特性，但是实体单元仅有平动自由度，不能考虑桩的弯曲特性，并且计算桩的弯矩结果精确度不高。为此，考虑桩截面转动，发展桩体挖空模型，去掉模型中桩区域的土体，采用实体单元表示土体，梁单元表示桩，通过刚性杆连接桩与土单元。

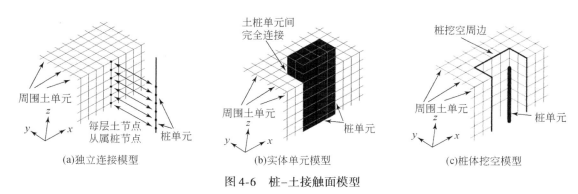

图 4-6　桩-土接触面模型

通常采用两种连接方式：①挖空区域周边节点在 x 方向从属于同一水平上桩的节点。虽然桩截面旋转，土节点仅从属于 x 方向，截面上每个土节点竖向位移不同。②采用连接杆单元连接桩-土，这些杆单元与桩具有一致的属性，同一坐标系中每一个连接单元有两个端点，一个端点与土节点相连，另一端点与桩节点相连，每一个节点具有三个平动自由度，并允许梁单元具有转动自由度，实体单元没有转动自由度。

采用上述两种连接方式时，由于梁单元不具有几何属性，将桩模拟为梁单元不能考虑桩径对桩-土相互作用影响效应。第一种方法并不能很好地考虑桩的动力特性，原因在于这种方法桩的平截面假定不成立；第二种方法，桩所处的土域空间位置挖空，采用连接杆建立桩节点与土节点之间连接以考虑桩径效应，允许连接杆在桩周节点上发生竖向位移，土体从属于桩的平动且允许桩发生转动。由于梁单元本身不具有模拟桩的几何尺寸效应的能力，实际上桩的几何尺寸显著地影响着桩-土相互作用体系动力响应。

4.6　桩-土-结构动力相互作用有限元分析模型

4.6.1　数值模型

针对振动台试验，建立桩-土-结构动力相互作用三维有限元分析模型，据此开展研究。为了缩减计算用时，利用振动台试验体几何形体的对称性，沿着与振动方向平行建立一半理想化的计算分析模型，见图 4-7。有限元网格长 3.8m，宽 1m，高 1.5m，见图 4-8（a），其中黄色表示上部 0.3m 厚黏土层，紫色表示下部 1.2m 厚饱和砂层，水位线埋深为 0.3m 处，即位于上、下土层分界处。

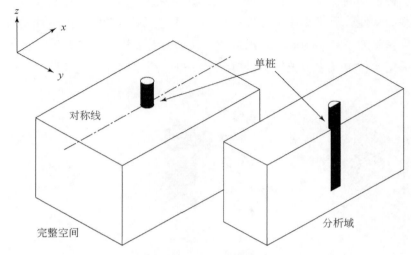

图 4-7　OpenSees 模型空间

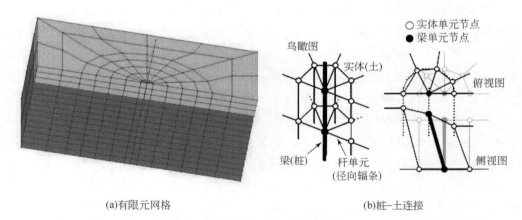

(a)有限元网格　　　　(b)桩-土连接

图 4-8　桩-土相互作用有限元模型

　　砂土和黏土的本构模型参数选取见表 4-1 和表 4-2[18,19]。上部黏土层采用 20 节点六面体单元模拟，下部饱和砂土采用能够考虑孔压消散与重分布并与孔压关联的三维土-水耦合（u-p）20-8 节点六面体单元模拟，见图 4-9[5]。为了确保数值计算稳定性，在保证土体几乎不排水和水不可压缩条件下，需满足巴布斯卡-布雷齐（Babuska-Brezzi）条件[20]。受此稳定条件的限制，固相的形函数自由度数比液相的形函数多一个。因此，20-8 节点六面体单元本质上仍为 20 节点六面体等参单元，20 表示固相节点数，8 表示液相节点数，具体为 8 个角节点中每一节点都有 4 个自由度，即为自由度 1 到自由度 3 表示土颗粒三个方向的平移自由度（u），自由度 4 表示孔压（p），其他节点上只有土颗粒的三个位移自由度。采用 3×3 的高斯–勒让德（Gauss-Legendre）数值积分方法求解固相相关矩阵，采用 2×2 的 Gauss-Legendre 数值积分方法求解液相相关矩阵。实体单元通过在积分点上定义应力–应变关系的材料表示。当考虑为弹塑性本构模型，需要定义屈服函数、塑性流动法则和硬化属性，使得与土的属性更匹配。

表 4-1　砂土本构模型的计算参数

参量	松砂	中密砂	密砂
密度/（kg/m³）	1700	1900	2100
参考低应变时剪切模量 G_0/kPa，$P_r = 80$kPa	5.5×10^5	1.0×10^5	1.3×10^5
参考体积模量 B_0/kPa，$P_r = 80$kPa	1.5×10^5	3.0×10^5	3.9×10^5
摩擦角 φ/（°）	29	35	39
峰值剪应变 g_{max}（$P_r = 80$kPa）	0.1	0.1	0.1
参考平均有效围压 P_r/kPa	80	80	80
压力相关参数 n_p	0.5	0.5	0.5
相位转换角 φ_{pt}/（°）	29	27	27
定义由剪力引起体积收缩率的非负常量 c_1	0.21	0.05	0.03
定义由剪力引起体积膨胀率的非负常量 d_1	0	0.6	0.8
定义由剪力引起体积膨胀率的非负常量 d_2	0	3	5
液化引起理想塑性剪应变累积的控制参数 y_1	10	5	0
液化引起理想塑性剪应变累积的控制参数 y_2	0.02	0.003	0
液化引起理想塑性剪应变累积的控制参数 y_3	1	1	0
初始孔隙比	0.85	0.55	0.45

表 4-2　黏土本构模型的计算参数

参量	取值
密度/（kg/m³）	1800
参考低应变时剪切模量 G_0/kPa，$P_r = 80$kPa	6.0×10^4
参考体积模量 B_0/kPa，$P_r = 80$kPa	3.0×10^5
黏聚力 c/kPa	35
峰值剪应变 g_{max}（$P_r = 80$kPa）	0.1
摩擦角 φ/（°）	12
压力相关参数 n_p	0

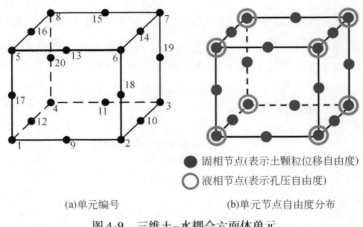

固相节点(表示土颗粒位移自由度)

液相节点(表示孔压自由度)

(a)单元编号　　　　　　　　　　(b)单元节点自由度分布

图 4-9　三维土-水耦合六面体单元

桩的物理指标与试验桩物理指标保持一致。采用集中质量点施加到桩顶模拟上部结构。采用为桩节点两侧添加梁-柱单元与零长度单元来模拟桩-土相互作用，示意图如图 4-8 所示。其中通过赋予梁-柱单元极大的刚度（桩单元刚度的 10000 倍）实现刚性连接，并使刚性连接单元的长度等于桩半径，进而模拟桩基尺寸效应。通过为各零长度单元赋予不同类型的单轴材料，来模拟桩-土的各类接触效应。须指出，在参与数值计算时，OpenSees 中的零长度单元本质上是长度为 "1" 的单元。为此，其中赋予的单轴材料必须反映的是接触效应的 "力-位移" 关系，而非 "应力-应变" 关系。为了模拟试验中桩与土箱固接作用，将桩尖节点与有限元模型基底相应位置的土节点采用刚性连接。有限元模型基底假定为刚性，直接输入实测振动台台面的加速度时程记录。

4.6.2　收敛准则

与线性问题不同，动力非线性问题需要通过求解体系动力方程得到最终结果，每一时间步长计算结束时寻求近似平衡状态，进而施加给定增量荷载，逐步求解并获得最终解答。迭代结束时，若不处于平衡状态，那么进行新的一次迭代，直至达到近似平衡状态。求解非线性计算问题可能需要许多次迭代才可能得到平衡解答，一经达到平衡状态，计算会进入下一个新荷载增量步。当满足收敛性要求时停止迭代，进入下一时间步长，直至得到所要求结果。如此，为了在可接受平衡条件内中止迭代计算，每一个迭代步结束时需要采用适当收敛准则进行校对。OpenSees 系统中的非线性计算收敛准则有能量收敛准则、位移增量范数准则和力收敛准则[11]。为了判别数值计算的收敛性，模型中采用位移增量准则作为计算收敛判据，具体为任一时间步中，通过第一个迭代误差法则归一化（预测复合校正方法），若位移增量向量的范数小于给定位移收敛容许值 tol（计算中 tol 取为 10^{-4}）可以判别计算收敛，具体判据公式如下：

$$\sqrt{\Delta U^{\mathrm{T}} \Delta U} < \mathrm{tol} \tag{4-8}$$

式中，ΔU^{T} 为位移增量范数转置；ΔU 为位移增量范数。

如果选取判据超过容许值，迭代停止。如果迭代达到给定的最大迭代次数，将导致计算发散。定义最大迭代次数，这里选为 50 次。

4.6.3   边界条件

如前所述，饱和砂土的数值建模途径中对饱和砂土的边界条件进行说明。以下结合桩–土相互作用有限元模型，给出数值模型的边界条件如下。

1. 固相

为了再现振动台试验一维剪切梁效应，在同一给定高度上将两个与振动方向垂直的侧面水平向位移自由度捆绑一起，通过在水平向采用罚函数法在侧面边界强制施加边界位移约束实现，竖直向位移自由约束。罚函数包括在刚度矩阵中增加大的数值和给恢复力向量施加给定零或非零自由度。该法中，体系方程组中势能公式通过罚函数 $\{t\}^{\mathrm{T}} [\mathrm{alpha}] \{t\}/2$ 增大，其中，$[\mathrm{alpha}]$ 为罚函数的对角矩阵。相应体系方程表示形式如下[21]：

$$[K + C^{\mathrm{T}} \mathrm{alpha} C] U = [R + C^{\mathrm{T}} \mathrm{alpha} Q] \tag{4-9}$$

式中，K 为刚度矩阵；U 为自由度；R 为恢复力；$C^{\mathrm{T}} \mathrm{alpha} C$ 为罚函数矩阵；C 和 Q 为常数矩阵。

若 $\mathrm{alpha}=0$，约束忽略。随着 alpha 增大，U 改变，保证满足约束方程。这时应注意，罚函数影响着体系的最大特征值，可能在瞬时分析中引起问题[22]。

地基沿振动方向的对称面、侧面只允许在平面内运动。地基沿振动方向对称面中 y 方向固定，x、z 方向自由约束。基底假定为刚性，x 方向输入试验记录的基底加速度作为动力激励，底面竖向固定。

2. 液相

地表为自由面，土层分界处（砂层顶部）孔压为零，基于砂层的水位线计算每个土节点上初始孔压，并且孔压随埋深线性增加。地基底面、侧面均为不透水自然边界（流速为 0）。

4.6.4   数值分析过程

有限元分析步骤如下所示。

(1) 首先，定义土的有限元网格，采用逆序卡特希尔–麦基（Cuthill-Mckee）算法给土节点的自由度编号。同时，采用变换方法将罚约束条件确定为地基位移边界条件。采用范数位移增量条件确定每一迭代步结束后计算是否收敛。

（2）限制土体有限元网格底部所有方向的位移自由度。

（3）定义土为线弹性材料。

（4）在动力荷载作用之前，进行重力输入下土体静力有限元分析，保证基底节点完全固定，允许其他土节点应力发展，约束土单元水平运动，得到砂层孔压和土体应力及应变，满足水–土混合物在自重输入下土的静力平衡条件。重力采用不变的线弹性模量分析，并采取很大的时间步。在重力输入下，土体竖向位移置零，并将其直接作为随后动力分析的初始条件。

（5）桩节点和单元、桩–土刚性连接单元增加到有限元模型中，桩自重作为节点的竖向荷载施加到有限元模型中。

（6）一旦桩和土静应力起作用后，土将变为弹塑性材料。新应力条件下屈服面通过一致性条件进行相应调整。

（7）据 Yang 的理论[4]，具有弹性特性的土体，重力输入下可能存在应力点在破坏面以外的情况。有限元方程体系中引入力的不平衡调整土的应力状态。为了快速消除力的不平衡，在有限元分析的弹塑性阶段引入高的数值阻尼。因此，再一次施加重力荷载建立具有高数值阻尼的有限元模型。

（8）地表处节点和所有内部节点的所有方向自由，同时引入必要边界条件。

（9）有限元分析需要若干步迭代收敛于近似解，建立普通的稀疏方程组，采用修正的牛顿–拉普生方法求解。

4.7　数值模型可靠性验证

选取 0.15g、2Hz 正弦波输入下振动台试验（工况 D 和工况 G）开展数值模型验证工作，通过对比液化场地桩和土体动力响应，验证数值模拟方法的可靠性。

4.7.1　场地动力响应

在工况 D 和工况 G 输入下自由场中密砂层和密砂层孔压时程试验值与计算值的对比见图 4-10 和图 4-11，可以看出，土体孔压计算值的增长速率、波动形式、稳定状态的值等均与振动台试验结果高度吻合，表明上述饱和砂土模拟方法可准确计算土体的孔隙水压力变化。此外，对比了自由场土体的加速度时程的计算值与试验值，如图 4-12 和图 4-13 所示，土体加速度的计算值与试验值也吻合较好。因此，上述数值模拟方法可有效刻画地震荷载下饱和砂土的动力响应。

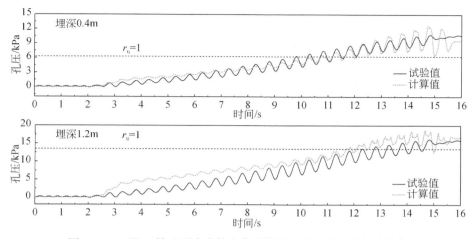

图 4-10　工况 D 输入下自由场中密砂层孔压时程试验值与计算值

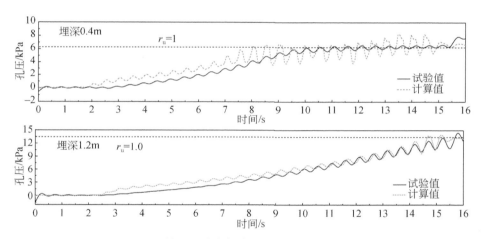

图 4-11　工况 G 输入下自由场密砂层孔压时程试验值与计算值

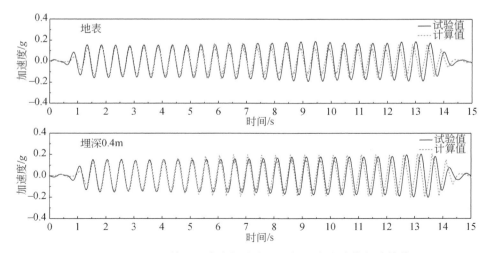

图 4-12　工况 D 输入下自由场中密砂层加速度试验值与计算值

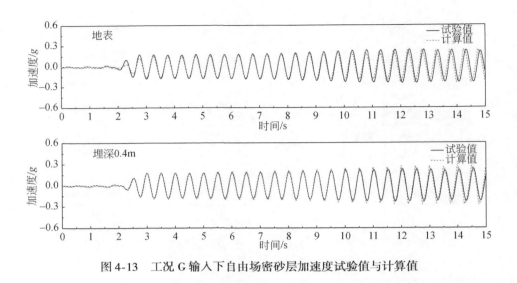

图 4-13　工况 G 输入下自由场密砂层加速度试验值与计算值

4.7.2　桩基动力响应

考虑到桩的弯矩响应是桩基抗震设计的关键参数，选取振动台试验结果中的两埋深处桩基弯矩时程为代表，对比验证桩基地震响应模拟方法的可靠性。图 4-14 和图 4-15 分别为工况 D 和工况 G 中桩的弯矩时程的试验值与计算值的对比情况，可以明显看出，两者波动形式基本一致，峰值弯矩也近乎相同，存在的稍许误差也在合理范围内。因此，该数值模型可以很好地模拟液化场地桩基地震反应。

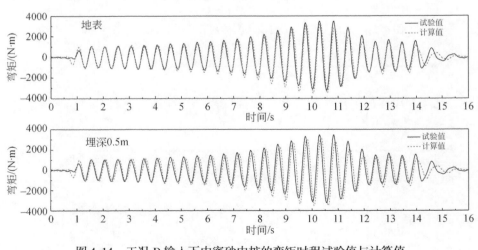

图 4-14　工况 D 输入下中密砂中桩的弯矩时程试验值与计算值

上述数值计算结果与试验值对比情况表明，尽管计算值与试验值存在一定的误差，但

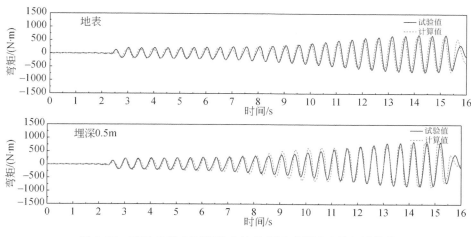

图 4-15　工况 G 输入下密砂中桩的弯矩时程试验值与计算值

两者整体吻合较好，数值模型可以较好地模拟强震下液化场地桩基、饱和砂土的地震响应，说明上述液化场地桩–土–上部结构地震相互作用数值模拟方法是可靠的。

4.8　小　　　结

本章针对液化场地桩–土动力响应振动台试验，借助有限元数值计算平台 OpenSees 建立了三维有限元数值模型，并详细讨论相应数值模拟细节和方法，同时，根据振动台试验结果对模型的可靠性进行了验证，得到以下主要结论。

（1）基于 OpenSees 有限元数值模拟平台，引入模拟循环荷载作用下饱和砂土液化动力特性、液化剪胀特性与黏土动力属性的多屈服面弹塑性本构模型，桩采用基于欧拉–伯努利梁理论建立的线弹性梁–柱单元模拟，桩–土动力相互作用采用可以考虑体积效应的刚性连接单元处理，建立了液化场地桩–土动力相互作用三维有限元分析模型与相应的计算方法，详细地给出了相应的收敛准则、边界条件、参数选取和数值分析过程等技术细节。

（2）通过振动台试验验证了液化场地桩–土动力相互作用三维分析模型和计算方法的可靠性。对比三维有限元分析方法与试验结果，细致地检验桩基结构动力响应及场地液化动力特性对桩基和自由场动力响应的影响，得到有限元方法能够合理地预测场地孔压、动力响应。

（3）针对如此复杂的问题，在数值计算中，包括桩–土接触非线性、场地液化过程土体大变形和大变位及土箱边界条件约束效应等同时发生，需要模拟的环境非常复杂。然而，在选取合理的计算参数情况下，数值方法能够很好地预测不同类型砂土场地和桩基结构的动力特性，显示出有限元计算方法具有较高的可靠性，可以较好地处理土的强非线性、桩–土接触的非线性及计算域人工边界条件等优势。

参 考 文 献

［1］凌贤长，徐鹏举，于恩庆，等．液化场地桩-土-桥梁结构地震相互作用振动台试验数值模拟方法研究［J］．地震工程与工程振动，2008，28（3）：172-177.

［2］陈胜立，张建民，陈龙珠．下卧刚性基岩的饱和地基上基础的动力分析［J］．固体力学学报，2002，23（3）：325-329.

［3］Yang Z, Elgamal A, Parra E. Computational model for cyclic mobility and associated shear deformation［J］. Journal of Geotechnical and Geoenvironmental Engineering, 2003, 129（12）：1119-1127.

［4］Yang Z. Numerical modeling of earthquake site response including dilation and liquefaction［D］. New York：Columbia University, 2000.

［5］Yang Z, Lu J, Elgamal A. OpenSees soil models and solid fluid fully coupled elements user's manual［Z］. San Diego：University of California, 2008.

［6］Prevost J H. A simple plasticity theory for frictional cohesionless soils［J］. International Journal of Soil Dynamics and Earthquake Engineering, 1985, 4（1）：9-17.

［7］Wang Z L, Dafalias Y F, Shen C K. Bounding surface hypoplasticity model for sand［J］. Journal of Engineering Mechanics, 1990, 116（5）：983-1001.

［8］Li X S, Dafalias Y F. Dilatancy for cohesionless soils［J］. Géotechnique, 2000, 50（4）：449-460.

［9］Dafalias Y F, Papadimitriou A G, Li X S, et al. Generic constitutive ingredients in CSSM models for sands［M］. Berlin：Springer, 2006.

［10］Nemat-Nasser S, Zhang J. Constitutive relations for cohesionless frictional granular materials［J］. International Journal of Plasticity, 2002, 18（4）：531-547.

［11］Radi E, Bigoni D, Loret B. Steady crack growth in elastic-plastic fluid-saturated porous media［J］. International Journal of Plasticity, 2002, 18（3）：345-358.

［12］Popescu R, Prevost J H. Comparison between VELACS numerical 'class A' predictions and centrifuge experimental soil test results［J］. Soil Dynamics and Earthquake Engineering, 1995, 14（2）：79-92.

［13］Mroz Z. On the description of anisotropic workhardening［J］. Journal of the Mechanics and Physics of Solids, 1967, 15（3）：163-175.

［14］Dafalias Y F, Popov E P. A model of nonlinearly hardening materials for complex loading［J］. Acta Mechanica, 1975, 21（3）：173-192.

［15］Dafalias Y, Popov E. Cyclic loading for materials with a vanishing elastic region［J］. Nuclear Engineering Mechanics, ASCE, 1977, 112（9）：966-987.

［16］Wakai A, Gose S, Ugai K. 3-D elasto-plastic finite element analyses of pile foundations subjected to lateral loading［J］. Soils and Foundations, 1999, 39（1）：97-111.

［17］Ruggiero E J, Singler J, Burns J A, et al. Finite element formulation for static shape control of a thin Euler-Bernoulli beam using piezoelectric actuators［C］. ASME International Mechanical Engineering Congress and Exposition, 2004, 47004：9-16.

［18］Lu J, Yang Z, Elgamal A. OpenSeesPL three-dimensional lateral pile-ground interaction version 1.00 user's manual［R］. San Diego：University of California, San Diego, 2006.

［19］ Mazzoni S, Mckenna F, Scott M H, et al. Opensees command language manual ［R］. Pacific Earthquake Engineering Research (PEER) Center, 2006, 264 (1): 137-158.

［20］ Elgamal A. Nonlinear modeling of large-scale ground-foundation-structure seismic response ［J］. ISET J Earthquake Technol, 2007, 44 (2): 325-339.

［21］ Parra-Colmenares E J. Numerical modeling of liquefaction and lateral ground deformation including cyclic mobility and dilation response in soil systems ［M］. New York: Rensselaer Polytechnic Institute, 1996.

［22］ Uzuoka R, Sento N, Kazama M. Numerical analysis of rate-dependent reaction of pile in saturated or liquefied soil ［J］. Geotechnical Special Publication, 2006, 1: 204-217.

第5章 液化场地桩–土动力相互作用 p-y 曲线影响因素分析

5.1 概　　述

　　液化场地桩基侧向承载性能的研究对于液化场地桥梁桩基抗震设计非常重要。以往研究多基于水平循环加载试验分析非液化场地桩–土动力相互作用 p-y 曲线，这种方法仅反映了地震作用下上部结构的惯性力效应，不能很好地考虑桩–土运动相互作用。在场地液化过程中，随着孔压逐渐升高，关于砂土动力 p-y 曲线变化规律及场地液化前、后砂土 p-y 曲线形式转变等基本问题的研究尚不多见。鉴于此，本章采用已验证的数值模拟手段，分别建立水平和倾斜液化场地桩–土动力相互作用分析模型，分析孔压比、桩径和砂土相对密度对水平液化场地桩–土动力 p-y 曲线特性的影响，分析场地倾斜角度、桩径、加载幅值和群桩中基桩位置对倾斜液化场地桩–土动力 p-y 曲线特性的影响，为第6章建立考虑群桩效应和场地倾斜角度的修正 p-y 曲线公式提供必要依据。

5.2 水平液化场地桩–土动力相互作用 p-y 曲线影响因素

5.2.1 孔压比

　　液化场地桩–土动力相互作用 p-y 曲线通常表现出明显的非线性、滞后性及变形累积等特征[1]。为了考察孔压比对动力 p-y 曲线的影响规律，以桩径为 0.2m 的桩基建立三维有限元分析模型，实施逐级加载 1Hz 正弦波输入下数值计算。图 5-1 是 0.5g、1Hz 正弦波输入下各孔压比时段内（以 0.1 为间隔将孔压比分段）中密砂场地动力 p-y 曲线的分解图，据此分析孔压比对动力 p-y 曲线刚度、形状和桩–土相互作用力的影响规律。

1. 孔压比对动力 p-y 曲线刚度的影响

　　可以看出，不同孔压比时段内动力 p-y 曲线斜率变化显著，随着荷载循环次数增加，孔压逐渐上升，滞回环逐渐变缓。在场地液化前，随着孔压升高和循环次数增加，动力 p-y

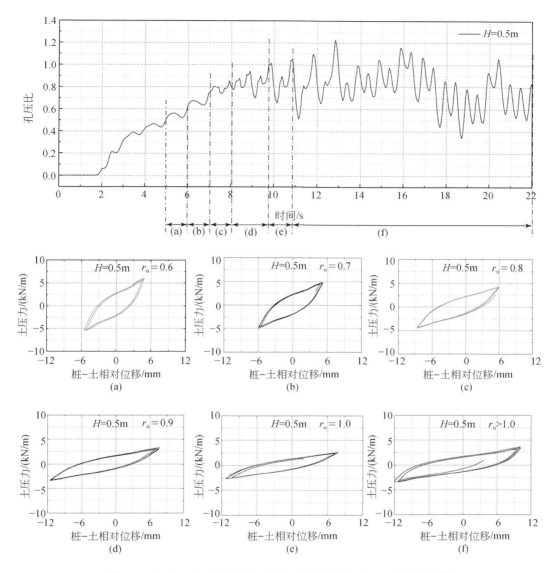

图 5-1　0.5*g*、1Hz 正弦波输入下中密砂场地动力 *p-y* 曲线分解图

曲线出现逐渐软化现象。随着孔压上升，砂土内摩擦角随之变化，并导致砂土的抗剪强度逐渐下降，使得孔压比成为控制动力 *p-y* 曲线刚度的重要因素之一。

2. 孔压比对动力 *p-y* 曲线形状的影响

场地液化前，动力 *p-y* 曲线几乎呈现下"凹"形，这与美国石油协会规范中推荐的 *p-y* 曲线形状一致[2]。随着孔压升高至砂层达到液化状态，中密砂场地动力 *p-y* 曲线形式出现了相位转变，形状由下"凹"形逐渐变为上"凹"形，表现为随着变形增加刚度增大。

因此，只将液化砂土土压力基于美国石油协会规范推荐的 p-y 曲线、统一按着一定比例缩小，不能准确刻画场地液化前、后中密场地 p-y 曲线形式的影响效应[3]。

3. 孔压比对桩–土相互作用力的影响

孔压比达到 0.6 后，中密砂地基土压力模量的衰减速率开始大于桩–土相对位移增大速率，导致孔压比在 0.6 上升到 1.0 的过程中，土压力表现出逐渐减小的规律。当场地液化后，土压力又有所增大，这可能是液化砂层剪胀效应所致。因此，地基土压力模量随着孔压比的升高而减小，但是孔压上升并引起土体逐渐软化促使土体位移增大，对桩侧土压力起到可能更重要的作用[4]。因此，基于动力 p-y 曲线建立场地液化前、后中密砂场地 p-y 曲线简化模型有必要考虑桩–土相对位移。

5.2.2 桩径

实际上，桩径的增大相应地增加了桩的抗弯刚度[1]。考虑到问题的复杂性，以及土体变形在桩–土相对位移中起到重要作用，暂不考虑桩的刚度变化对桩–土相对位移的影响。基于已建立的有限元分析模型，输入 20 次循环幅值为 0.5g、1Hz 的正弦波，考察桩径对液化场地桩–土动力相互作用 p-y 曲线的影响，此时土层已完全液化且表现出明显的大变形特征。从图 5-2 可以看出，随着桩径增大，动力 p-y 曲线表现出越来越明显的上"凹"形；桩侧土压力相应增大，而桩–土相对位移也有所增大，动力 p-y 曲线斜率随桩径增大而变大，可以理解为大直径桩的桩后提供土压力的土楔体更大。虽然桩–土相对位移随着桩径增大有所增大，但增大幅度并不大；且随着桩径增大，桩径对桩–土相对位移影响越来越不明显，而桩侧土压力恰恰相反。总之，桩径对场地液化前、后动力 p-y 曲线有较显著的影响。

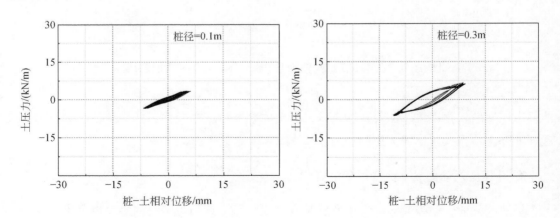

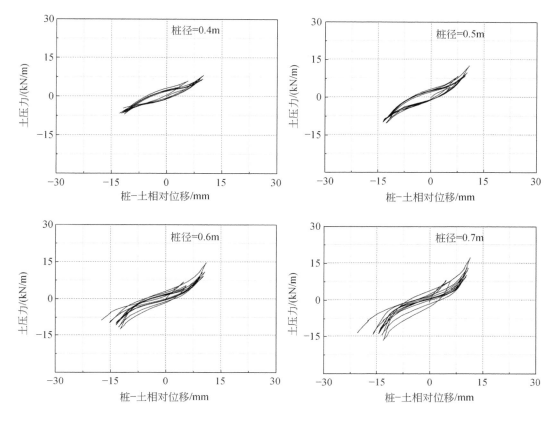

图 5-2　桩径对中密砂场地动力 p-y 曲线影响

　　基于工程应用目的，需建立适用于不同桩径的场地液化前、后动力 p-y 曲线简化模型。为此，引入桩侧土压力的桩径影响因子 F_D 的概念，用于描述桩径对桩侧土压力的影响情况，定义为以 0.2m 桩径计算得到的中密砂场地动力 p-y 曲线滞回圈顶点处土压力为基准，只改变桩径，得到其他桩径条件下中密砂场地动力 p-y 曲线顶点处土压力值，其值与基准值之比即为桩径影响因子 F_D。动力 p-y 曲线顶点处土压力基本能够反映出桩侧向承载特性。基于孔压比对动力 p-y 曲线具有显著影响的认识，为了考察桩径对桩侧土压力的影响，将孔压比分时段，通过输入不同幅值的 1Hz 正弦波得到同一孔压比下桩径影响因子 F_D 与桩径之间存在的关系，据此考察不同孔压比下桩径对动力 p-y 曲线顶点处土压力的影响情况。考虑到桩径对桩-土相对位移的影响不大，可以采用桩径影响因子 F_D 近似表示桩径对动力 p-y 曲线的影响，只将桩径影响因子 F_D 表示为桩径的函数。运用数学拟合方法，得出不同孔压比下桩径影响因子 F_D 的数学表达式，拟合曲线见图 5-3，可知，孔压比影响着桩径影响因子 F_D 的取值大小，具体拟合公式见表 5-1。值得说明的是，本节仅讨论了中小直径桩，大直径桩是否适用上述公式尚需进一步验证。

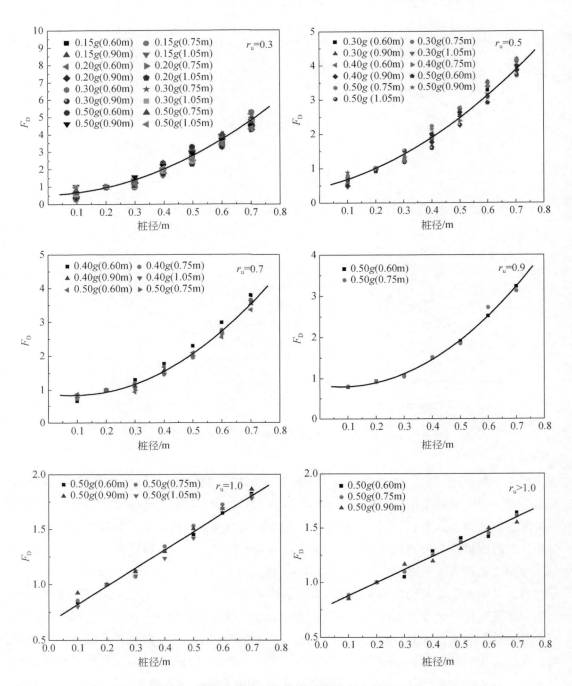

图 5-3　不同孔压比下桩径影响因子 F_D 与桩径关系

表 5-1 桩径影响因子拟合公式

孔压比	桩径影响因子 F_D
0.1	$F_D = 14.71061 \times D^2 - 2.27382 \times D + 0.86634$
0.2	$F_D = 10.82826 \times D^2 - 1.02638 \times D + 0.7721456$
0.3	$F_D = 8.04326 \times D^2 + 0.45903 \times D + 0.5864636$
0.4	$F_D = 5.8453 \times D^2 + 1.00894 \times D + 0.5644$
0.5	$F_D = 4.23128 \times D^2 + 1.91732 \times D + 0.44782$
0.6	$F_D = 6.78995 \times D^2 - 0.1554 \times D + 0.759482$
0.7	$F_D = 7.05668 \times D^2 - 1.16264 \times D + 0.9502608$
0.8	$F_D = 4.86581 \times D^2 + 1.09041 \times D + 0.5872856$
0.9	$F_D = 6.22851 \times D^2 - 0.93991 \times D + 0.9388416$
1.0	$F_D = 1.63817 \times D + 0.672366$
>1.0	$F_D = 1.19596 \times D - 0.19596$

5.2.3 砂土相对密度

以 0.2m 桩径建立的三维有限元分析模型为基准，取密砂、中密砂和松砂，初步考察砂土相对密度对动力 p-y 曲线的影响，计算参数见第 4 章。图 5-4 给出了 0.1g、1Hz 正弦波输入下密砂、中密砂和松砂场地动力 p-y 曲线，可以看出，随着砂土相对密度的减小，桩侧土压力与桩–土相对位移先减小后增大，中密砂场地桩侧土压力与桩–土相对位移最小，即相对密度对桩侧土压力与桩–土相对位移的影响有一个拐点。由此得出以下结论：①同一深度处，土层的相对密度越大，相同桩–土位移条件下土压力也越大，这与室内试

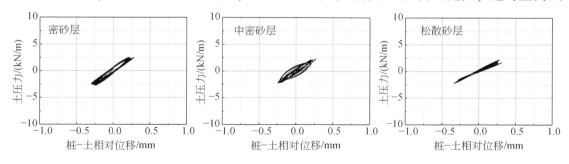

图 5-4 砂土相对密度对动力 p-y 曲线的影响（埋深 = 0.5m）

验中相对密度大的试样有较大的抗液化强度结果一致；②同一观测点处，砂土相对密度大的动力 p-y 曲线斜率要明显高于其他场地的动力 p-y 曲线，随着砂土从密砂层、中密砂层降至松散砂层，同一位置处动力 p-y 曲线骨干线的斜率也在逐渐降低，说明砂土相对密度是控制液化场地动力 p-y 曲线倾斜程度的一个重要参数。

5.3　倾斜液化场地桩–土动力相互作用 p-y 曲线影响因素

本节采用相对密度为 35% 的饱和松砂，建立了液化微倾场地群桩–土动力相互作用有限元模型，如图 5-5 所示[5]。场地整体倾斜 2°，模型长 30m×高 10m，设置 1×2 的群桩，土层以下桩长 10m，土层以上桩长 2m，桩径为 0.5m，桩的弹性模量为 2.2×10⁸kPa。基底输入 0.2g、2Hz 的正弦波。

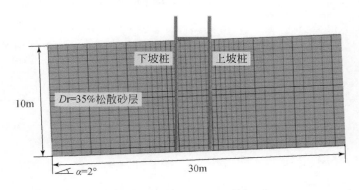

图 5-5　液化微倾场地群桩–土动力相互作用有限元模型

5.3.1　场地倾斜角度

改变场地倾斜角度，研究不同场地倾斜角度下动力 p-y 曲线的差异性。由图 5-6 可以看出，场地倾斜角度显著影响着 p-y 曲线的土压力最大值、桩–土相对位移最大值与初始刚度。随着场地倾斜角度从 0° 增加到 6°，各个埋深处的土压力最大值不断增加，桩–土相对位移最大值持续增大，具体见表 5-2。可以发现，场地倾斜角度从 0° 增加到 2° 引起的桩–土相对位移最大值增量要远大于场地倾斜角度从 2° 增加到 4°、从 4° 增加到 6° 引起的桩–土相对位移最大值增量。同时，场地倾斜角度为 2°、4° 和 6° 的桩–土相对位移最大值之间的差距随埋深逐渐减小，场地倾斜角度对桩–土相对位移的影响只会发生在埋深较浅的土层。

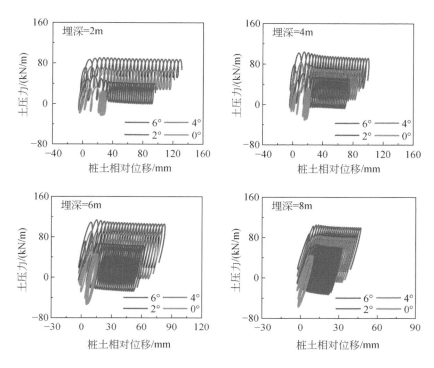

图 5-6　不同倾斜角度下动力 p-y 曲线

表 5-2　不同倾斜角度下各埋深处桩–土相对位移最大值和土压力最大值

埋深	2m		4m		6m		8m	
倾斜 角度/(°)	y_{max} /mm	p_{max} /(kN/m)	y_{max} /mm	p_{max} /(kN/m)	y_{max} /mm	p_{max} /(kN/m)	y_{max} /mm	p_{max} /(kN/m)
0	30.84	33.28	22.41	38.67	16.72	49.16	9.50	42.93
2	96.68	54.87	75.11	60.25	62.54	69.97	32.58	64.78
4	121.93	72.52	89.48	82.19	77.88	90.14	42.94	85.15
6	131.64	90.32	101.00	103.87	83.27	113.35	47.14	105.14

　　为了研究场地倾斜角度对动力 p-y 曲线初始刚度的影响，分别绘制不同场地倾斜角度下不同深度处孔压比为 0~0.8 时的动力 p-y 曲线，如图 5-7 所示。可以看出，同一场地倾斜角度，土体越深初始刚度越大；同一埋深，场地倾斜角度越大初始刚度越大。实际上，孔压比为 0~0.8 时，场地并未发生液化，而场地倾斜角度越大，重力在场地倾斜方向上的分力越大。根据图 5-7 可知，对于液化后的土体，随着倾斜角度的增大，其刚度并无明显的变化。

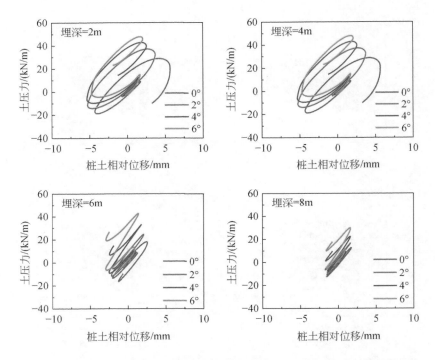

图 5-7　孔压比为 0 ~ 0.8 时不同场地倾斜角度下的动力 p-y 曲线

5.3.2　桩径

在不改变基桩位置的情况下，将基桩桩径设置为 0.7m 和 0.9m，分析研究桩径对液化微倾场地动力 p-y 曲线的影响。由图 5-8 可以看出，随着桩径 D 从 0.5m 增加到 0.7m 和 0.9m，各个埋深处的土压力最大值不断增加。以 2m 埋深为例，D=0.5m 时，土压力最大值为 54.87kN/m；D=0.7m 时，土压力最大值为 93.37kN/m；D=0.9m 时，土压力最大值为 135.44kN/m。其他埋深处不同桩径下的土压力最大值见表 5-3。需要注意的是，随着埋深的增加，桩径对土压力变化的敏感程度逐渐减弱。在埋深为 2m 时，桩径为 0.9m 和 0.5m 时土压力最大值的差值为 80.57kN/m；在埋深为 8m 时，桩径为 0.9m 和 0.5m 时土压力最大值的差值为 42.65kN/m。这是因为埋深更大的位置，桩–土相对位移较小，即使桩径增加较多，也不会产生过大的土压力。

为了研究桩径大小对液化微倾场地动力 p-y 曲线初始刚度的影响，分别绘制不同桩径下不同深度处当土体超孔压比为 0 ~ 0.8 时的动力 p-y 曲线，如图 5-9 所示。当桩径一定时，埋深越大，动力 p-y 曲线初始刚度越大。当土体深度一定时，增大桩径并不会引起初始刚度的增加。但是由图 5-8 可知，液化后土体的刚度会随着桩径的增加而增加。

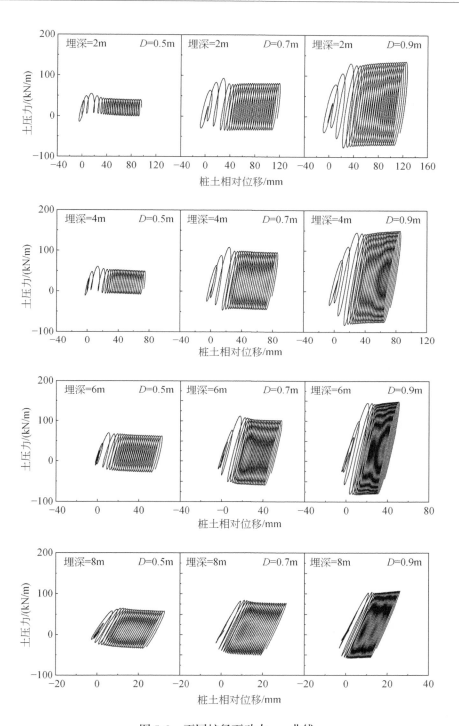

图 5-8　不同桩径下动力 p-y 曲线

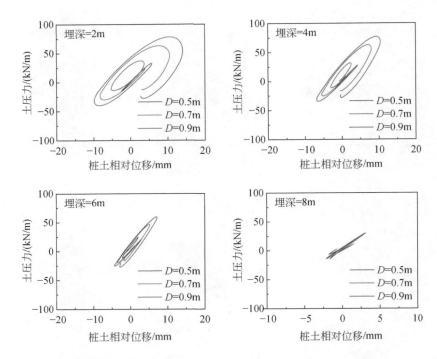

图 5-9　超孔压比为 0 ~ 0.8 阶段不同桩径下动力 p-y 曲线

表 5-3　不同桩径下各埋深处桩–土相对位移最大值和土压力最大值

埋深	2m		4m		6m		8m	
桩径 /m	y_{max} /mm	p_{max} /(kN/m)	y_{max} /mm	p_{max} /(kN/m)	y_{max} /mm	p_{max} /(kN/m)	y_{max} /mm	p_{max} /(kN/m)
0.5	96.68	54.87	75.11	60.25	62.54	69.97	32.58	64.78
0.7	120.77	93.37	86.73	108.55	57.96	112.34	31.26	84.62
0.9	126.98	135.44	86.10	150.26	51.33	148.28	26.17	107.43

5.3.3　加载幅值

　　正弦波频率和持时相同时，在加载幅值较大的正弦波激励下饱和砂土很快发生液化，而在加载幅值较小的正弦波激励下饱和砂土始终未发生液化。因此，本节改变正弦波加载幅值并反复计算，研究加载幅值对液化微倾场地桩–土动力相互作用 p-y 曲线的影响。选取加载幅值的思路如下：根据《建筑抗震设计规范》（GB50011—2010），设防烈度为 6 度及以上地区的建筑，应开展抗震设计。同时该规范给出了抗震设防烈度与设计基本加速度值之间的对应关系，如表 5-4 所示。为了能够更好地理论联系实际、服务具体工程，应根据抗震设防烈度选择要输入的正弦波幅值。

表 5-4 抗震设防烈度和设计基本地震加速度值的对应关系

抗震设防烈度	6	7	8	9
设计基本加速度值	$0.05g$	$0.1g$	$0.2g$	$0.4g$

由于篇幅原因，这里仅给出 $0.1g$、$0.2g$、$0.4g$ 正弦波激励下的动力 *p-y* 曲线，如图 5-10 所示。加载幅值从 $0.1g$ 增加到 $0.4g$ 的过程中，各个埋深处的桩–土相对位移最大值和土压力最大值也在随之增加。以 2m 埋深为例，加载幅值为 $0.1g$ 时，桩–土相对位移最大值 y_{max} 为 46.97mm，桩侧土压力最大值 p_{max} 为 34.68kN/m；加载幅值为 $0.2g$ 时，桩–土相对位移最大值 y_{max} 为 96.68mm，桩侧土压力最大值 p_{max} 为 54.87kN/m；加载幅值为 $0.4g$ 时，桩–土相对位移最大值 y_{max} 为 200.98mm，桩侧土压力最大值 p_{max} 为 91.48kN/m。不同加载幅值下各个深度处桩–土相对位移最大值和土压力最大值见表 5-5。可以看出，当加载幅值翻倍时，桩–土相对位移最大值和土压力最大值也几乎翻倍。由此可见，加载幅值对液化微倾斜场地动力 *p-y* 曲线的影响较大。需要注意的是在 5.3.1 节中对场地倾斜角度为 2°时动力 *p-y* 曲线的分析中观察到的现象：土体在即将发生液化时作用桩上的土压力最大，该现象随着加载幅值的增大逐渐增强。

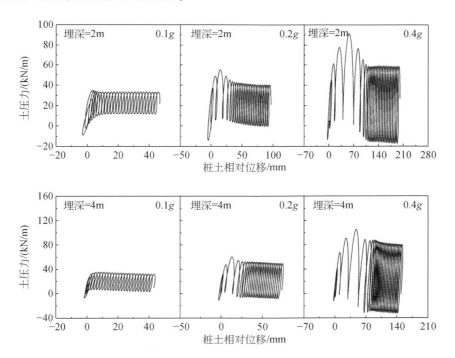

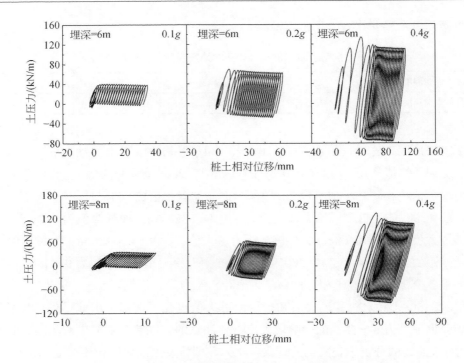

图 5-10　不同加载幅值下动力 p-y 曲线图

表 5-5　不同加载幅值下各埋深处桩–土相对位移最大值和土压力最大值表

埋深	2m		4m		6m		8m	
幅值	y_{max} /mm	p_{max} /(kN/m)	y_{max} /mm	p_{max} /(kN/m)	y_{max} /mm	p_{max} /(kN/m)	y_{max} /mm	p_{max} /(kN/m)
0.1g	46.97	34.68	44.02	35.09	34.71	40.41	12.45	36.15
0.2g	96.68	54.87	75.11	60.25	62.54	69.97	32.58	64.78
0.4g	200.98	91.48	153.34	105.46	111.95	134.13	64.10	133.94

5.3.4　群桩中基桩位置

　　由于液化土体的流动存在一定的方向，而处于这个流动方向中的不同位置处基桩的动力 p-y 曲线势必不同。基于 0.2g、2Hz 正弦波输入下场地倾斜角度为 4° 时的数值计算结果，对比分析下坡桩和上坡桩动力 p-y 曲线。

　　图 5-11 为下坡桩和上坡桩动力 p-y 曲线对比图。可以看出，上坡桩和下坡桩的桩–土相对位移最大值几乎一致，在 8m 埋深处两者差异最大，也仅为 0.75mm。但是，土压力最大值的差异随着埋深的增加不断加大。在 2m 埋深处，上坡桩的土压力最大值比下坡桩的土压力最大值大 4.32kN/m；在 4m 埋深处，上坡桩的土压力最大值比下坡桩的土压力

最大值大 1.01kN/m；在 6m 埋深处，上坡桩的土压力最大值比下坡桩的土压力最大值大 10.97kN/m；在 8m 埋深处，上坡桩的土压力最大值比下坡桩的土压力最大值大 18.22kN/m。各个埋深处的桩–土相对位移最大值和土压力最大值见表 5-6，可以看出，上坡桩的峰值弯矩也大于下坡桩。这一结论与毛无卫等[6]的液化微倾场地振动台试验结果一致，但与苏雷[7]和刘春辉[8]的近岸液化侧向扩展场地的振动台试验结果相反。其原因是对于微倾场地，饱和砂土液化后，坡顶部分土体率先发生侧向流动。因此，上坡桩首先受到流动砂土产生的侧向力，而距离坡顶较远的下坡桩由于上坡桩的"保护"作用，所受到的侧向力较小。对于存在挡墙的液化侧向扩展场地，地震中挡墙率先发生倾覆，引起靠近挡墙的饱和砂土发生侧向流动，因此，靠近挡墙的基桩首先受到流动砂土产生的侧向力，远离挡墙的基桩由于前桩的"保护"作用，所受到的侧向力较小。

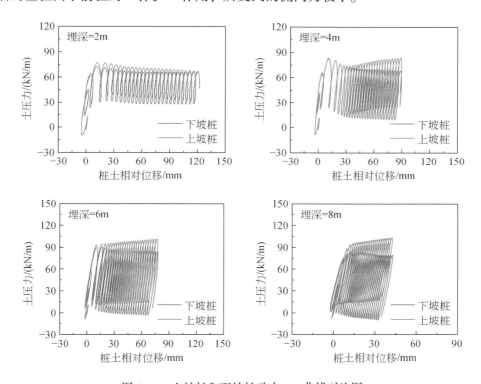

图 5-11　上坡桩和下坡桩动力 *p-y* 曲线对比图

表 5-6　上坡桩和下坡桩桩–土相对位移最大值和土压力最大值表

埋深	2m		4m		6m		8m	
位置	y_{max} /mm	p_{max} /(kN/m)	y_{max} /mm	p_{max} /(kN/m)	y_{max} /mm	p_{max} /(kN/m)	y_{max} /mm	p_{max} /(kN/m)
下坡桩	121.93	72.52	89.48	82.19	77.88	90.14	42.94	85.15
上坡桩	121.73	76.84	89.00	83.20	77.36	101.11	43.69	103.37

5.4　小　　结

借助已验证的液化场地桩–土动力相互作用数值模拟方法建立数值模型，获得不同工况下液化场地桩–土动力相互作用 p-y 曲线，研究液化场地桩–土动力相互作用 p-y 曲线的影响因素，得到以下主要结论。

（1）水平液化场地中，孔压比对中密砂场地动力 p-y 曲线的刚度、形状和桩–土相互作用力均有显著影响。随着孔压比增大，曲线斜率逐渐变缓；同一孔压比下，埋深增加引起曲线刚度也相应地增大；随着孔压比升高并逐渐达到液化，动力 p-y 曲线形状从下"凹"形逐渐变为上"凹"形。场地液化前、后，桩径对中密砂场地动力 p-y 曲线的影响主要表现在桩侧土压力方面。砂层相对密度越大，动力 p-y 曲线刚度越大。

（2）以 0.2m 桩径建立的三维有限元分析模型为基准，发现孔压比显著影响桩径影响因子 F_D 的取值大小。考虑孔压比的影响，分段建立了场地液化前、后不同孔压比下桩径影响因子 F_D 与桩径之间关系，并给出具体表达式。

（3）倾斜液化场地中，场地倾斜角度越大，动力 p-y 曲线中土压力最大值、桩–土相对位移最大值和初始刚度均越大；桩径越大，土压力最大值越大，液化砂土的耗能效应越明显，桩径对动力 p-y 曲线初始刚度影响不大；随着加载幅值的增加，土压力最大值和桩–土相对位移最大值不断增加，土体达到液化所需的时间不断减少；与近岸场地不同，液化微倾场地上坡桩由于先受到侧向流动土体的作用，其受力大于下坡桩的受力，并对下坡桩形成"保护"作用。

参 考 文 献

［1］ Tokimatsu K, Suzuki H. Pore water pressure response around pile and its effects on p-y behavior during soil liquefaction ［J］. Soils and Foundations, 2004, 44（6）: 101-110.

［2］ American Petroleum Institute（API）. Recommended practice for planning, designing and constructing fixed offshore platforms（RP2A-WSD）［M］. Washington, DC, USA: API, 1987.

［3］ Wilson D W, Boulanger R W, Kutter B L. Signal processing for and analyses of dynamic soil-pile interaction experiments ［C］. Centrifuge, 1998, 98: 135-140.

［4］ 凌贤长, 郭明珠, 王臣. 液化场地桩基桥梁地震灾害反应大型振动台模型试验研究 ［J］. 岩土力学, 2006, 26（1）: 123-129.

［5］ 崔杰. 液化微倾场地群桩地震反应拟静力分析方法 ［D］. 哈尔滨: 哈尔滨工业大学, 2020.

［6］ Mao W, Liu B, Rasouli R, et al. Performance of piles with different configurations subjected to slope deformation induced by seismic liquefaction ［J］. Engineering Geology, 2019, 263: 105355.

［7］ 苏雷. 液化侧向扩展场地桩–土体系地震模拟反应分析 ［D］. 哈尔滨: 哈尔滨工业大学, 2016.

［8］ 刘春辉. 液化侧扩流场地桩基地震反应分析与抗震设计方法研究 ［D］. 哈尔滨: 哈尔滨工业大学, 2018.

第6章 液化场地桩–土动力相互作用简化分析方法

6.1 概　　述

液化场地桩–土动力相互作用分析是解决液化场地桩基桥梁抗震问题的有效途径。模型试验和有限元数值模拟已成为研究液化场地桩–土动力相互作用的重要手段，然而，试验耗时长、费用高，有限元建模过程复杂、参数选取困难和计算不易收敛，使得以上两种方法在实际工程应用中受到很大局限。因此，发展一种高效的液化场地桩–土动力相互作用简化分析方法显得尤为必要[1]。常规的 p-y 曲线简化方法不能准确地描述复杂的桩–土动力相互作用特性，如土的辐射阻尼、桩–土摩擦作用及桩–土界面处可能出现的裂缝等[2]。鉴于此，本章基于非线性文克尔地基梁模型，采用不同子单元分别模拟桩–土动力相互作用过程中某一特定属性，随后对各个子单元适当组合形成宏单元，最后将宏单元与结构有限元模型结合，建立液化场地桩–土动力相互作用简化分析方法。

6.2　动力 p-y 模型

桩–土动力相互作用精细化模拟的关键是对土体动力特性的模拟。一般来讲，按土体距离桩的远近划分为近场土体、远场土体和自由场土体。近场土体在动荷载作用下表现出显著的非线性行为，且在强震作用下，桩和土体之间可能出现裂缝及桩–土相对滑动。远场土体受到桩的作用较小，土体表现出近似弹性行为，对远场土体模拟的关键在于描述其辐射阻尼效应。自由场土体几乎不受桩的影响，但自由场土体的滤波作用会使桩受到的激励不同。目前，国内外学者已提出了多种简化分析模型模拟土体的动力特性，如 Matlock 模型（1979）[3]、El Naggar 模型（1995）[4]、Boulanger 模型（1999）[5] 等。其中，Boulanger 模型全面描述了动荷载作用下桩–土相互作用的过程，由弹性单元（p-y^e）、塑性单元（p-y^p）和裂缝单元（p-y^g）串联组成，如图 6-1 所示。其中，弹性单元刻画远场土体的弹性作用和辐射阻尼效应，塑性单元描述桩周土体的非线性行为，裂缝单元描述循环荷载作用下桩–土界面处出现裂缝及桩–土相对滑动[6]。

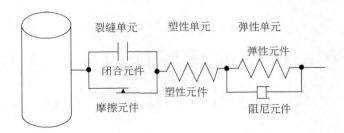

图 6-1　动力 $p\text{-}y$ 模型

6.2.1　弹性单元

弹性单元是由弹性元件和阻尼元件并联而成，弹性元件的力与位移的关系，见式（6-1）：

$$p = K^e y^e \tag{6-1}$$

式中，K^e 为弹性元件的切线模量；y^e 为弹性元件的位移。

将阻尼元件和弹性元件并联模拟远场土体的弹性作用和辐射阻尼效应，避免出现过大的阻尼力。

6.2.2　塑性单元

塑性单元模拟桩周土体的塑性变形，塑性单元与弹性单元串联，因此具有相等的力 p。塑性元件中 $p\text{-}y^p$ 曲线见图 6-2（a），力的计算如式（6-2）所示：

$$p = p_{ult} - (p_{ult} - p_0)\left(\frac{C \cdot y_{50}}{C \cdot y_{50} + |y^p - y_0^p|}\right)^n \tag{6-2}$$

式中，p_{ult} 为极限承载力；y^p 为塑性单元的位移；y_{50} 为 $p = 0.5 p_{ult}$ 时对应的位移；p_0、y_0^p 分别为塑性阶段的初始荷载和位移；C、n 为控制塑性单元形状的系数。

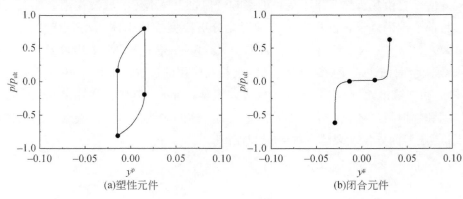

(a)塑性元件　　　　　　　　(b)闭合元件

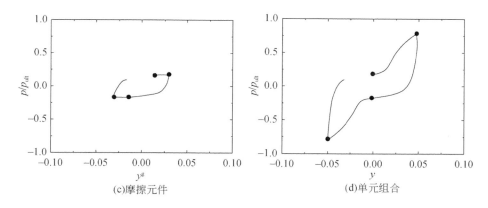

(c)摩擦元件　　　　　　　　　　　(d)单元组合

图6-2　动力 p-y 模型荷载–位移曲线

塑性单元的切线模量 K^p 的定义见式（6-3）：

$$K^p = \frac{\partial p}{\partial y^p} = \frac{n \cdot sign(\dot{y}) \cdot (p_{ult}-p_0)}{|y^p-y_0^p| + C \cdot y_{50}} \left(\frac{C \cdot y_{50}}{C \cdot y_{50} + |y^p-y_0^p|} \right)^n \tag{6-3}$$

屈服函数[7]见式（6-4）。运动硬化准则中定义力 p_α：对于塑性荷载增量 $\dot{p}_\alpha = \dot{p}$，对于弹性荷载增量 $\dot{p}_\alpha = 0$。

$$f = |p-p_\alpha| - (C_r \cdot p_{ult}) \leqslant 0 \tag{6-4}$$

式中，$C_r \cdot p_{ult}$ 为屈服应力；p_α 为弹性区域中心的力。

对于软质黏土，Matlock（1979）[3]建议取 $C=10$、$n=5$、$C_r=0.35$；对于砂土，美国石油协会规范建议取 $C=0.5$、$n=2$、$C_r=0.2$。

6.2.3　裂缝单元

裂缝单元由一个非线性的闭合元件（p^c-y^c）和一个非线性的摩擦元件（p^d-y^g）并联组成，裂缝单元的力 $p=p^c+p^d$。闭合元件控制着桩–土界面处裂缝的开合，其作用机理与 Matlock 和 Foo（1978）[8]提出的黏土 p-y 属性的裂缝一致，闭合元件（p^c-y^g）曲线如图6-2（b）所示。用摩擦元件刻画桩–土相对滑动过程中桩侧摩擦力，摩擦元件（p^d-y^g）曲线如图6-2（c）所示。闭合元件的力 p^c 和摩擦元件的力 p^d 的计算方程分别见式（6-5）和式（6-6）：

$$p^c = 1.8 \cdot p_{ult} \left[\frac{y_{50}}{y_{50}+50(y_0^+-y^g)} - \frac{y_{50}}{y_{50}+50(y_0^--y^g)} \right] \tag{6-5}$$

$$p^d = C_d \cdot p_{ult} - (C_d \cdot p_{ult}-p_0^d) \left[\frac{y_{50}}{y_{50}+2|y^g-y_0^g|} \right]^n \tag{6-6}$$

式中，y^g 为裂缝单元的位移；y_0^+ 为间隙的正向位移（初始值为 $y_{50}/100$）；y_0^- 为间隙的负向位移（初始值为$-y_{50}/100$），p_0^d、y_0^g 分别为摩擦元件的初始摩擦力和位移；C_d 为摩擦系数、最大摩擦力与模型极限承载力的比值。

闭合元件作用机理类似于开关，当桩–土界面处出现裂缝时，闭合元件开始工作；当裂缝消失时，闭合元件停止工作。由 $y_{50}+50(y_0^+-y^g)$ 和 $y_{50}+50(y_0^--y^g)$ 控制，当 $y_{50}+50(y_0^+-y^g)$ 和 $y_{50}+50(y_0^--y^g)$ 满足式（6-7）和式（6-8）时，有 $\lim p^c = \infty$。

$$y_{50}+50(y_0^+-y^g)=0 \Leftrightarrow y^g=y_0^++\frac{y_{50}}{50} \tag{6-7}$$

$$y_{50}-50(y_0^--y^g)=0 \Leftrightarrow y^g=y_0^--\frac{y_{50}}{50} \tag{6-8}$$

裂缝单元的切线模量按式（6-9）确定：

$$K^g=\frac{\partial p}{\partial y^g}=\frac{2n(p_0^d-C_d p_{ult})}{y_{50}+2\mid y^g-y_0^g\mid}\left(\frac{y_{50}}{y_{50}+2\mid y^g-y_0^g\mid}\right)^n+\frac{1.8p_{ult}\frac{y_{50}}{50}}{\left(\frac{y_{50}}{50}-y^g+y_0^+\right)^2}-\frac{1.8p_{ult}\frac{y_{50}}{50}}{\left(\frac{y_{50}}{50}-y^g+y_0^-\right)^2} \tag{6-9}$$

串联上述三种单元建立动力 p-y 曲线模型，可以很好刻画桩–土相互作用，见图6-2（d）。模型的位移和模型的切线模量见式（6-10）和式（6-11）：

$$y=y^e+y^p+y^g \tag{6-10}$$

$$K=\left(\frac{1}{K^e}+\frac{1}{K^p}+\frac{1}{K^g}\right)^{-1} \tag{6-11}$$

模型中各个元件相互协调发挥作用：当土体变形处于弹性范围内时，只有弹性元件发挥作用；随着荷载增加，土体开始进入塑性变形，弹性元件和塑性元件共同作用；在卸载发生时，桩–土界面处出现裂缝，裂缝单元、弹性单元和塑性单元共同工作；当桩在裂隙内移动时，只有摩擦元件发挥作用。

作为一种开放式的数值分析软件，OpenSees 已将上述动力 p-y 模型作为一种材料（PySimple1）收入其中。因此，本章通过编写 Tcl 语言将动力 p-y 模型应用到桩–土动力相互作用分析中，并导入 OpenSees 计算平台中，建立液化场地桩–土动力相互作用简化分析模型。

6.3　动力 p-y 模型的计算参数

由上述对动力 p-y 模型的描述中可以看出，只需确定几个参数就可以决定模型的动力特性，分别为模型的极限承载力 p_{ult}、荷载 $p=0.5p_{ult}$ 时的位移 y_{50}、最大摩擦力与 p_{ult} 的比值 C_d 和阻尼系数 C。

6.3.1　p_{ult} 和 y_{50} 的确定

模型的极限承载力 p_{ult} 本质上表示的是单位桩长土体的极限承载力。美国石油协会规

范推荐的静力荷载条件下砂土 p-y 曲线应用最为广泛:

$$p_{API} = A \times p_u \times \tanh\left(\frac{K \times H}{A \times p_u} \times y\right) \tag{6-12}$$

式中, p_{API} 为美国石油协会规范中土压力计算值; p_u 为砂土极限承载力, kN/m; A 为荷载类型系数, 循环荷载下取 0.9; K 为初始地基模量, kN/m^3, 可根据土体相对密实度确定[图 6-3 (a)]; H 为埋深, m。

从最不利角度出发, 应选择不同失效理论计算得到的承载力极限值中的最小值用于后续的计算。根据楔形体理论, 饱和砂土承载力极限值按式 (6-13) 计算:

$$p_u = (C_1 \times H + C_2 \times D) \times \gamma \times H \tag{6-13}$$

根据流动失效理论, 饱和砂土承载力极限值按式 (6-14) 计算:

$$p_u = C_3 \times D \times \gamma \times H \tag{6-14}$$

式中, γ 为土体有效容重, kN/m^3; D 为桩径, m; C_1、C_2 和 C_3 分别为常数, 可根据砂土的内摩擦角确定, 如图 6-3 (b) 所示。

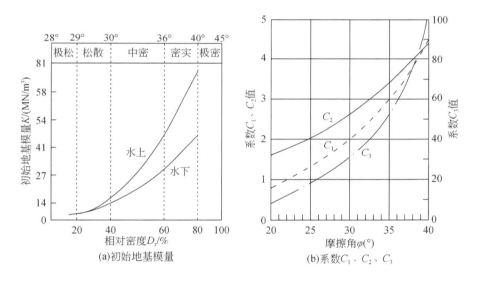

(a)初始地基模量　　　　　　(b)系数 C_1、C_2、C_3

图 6-3　砂土 p-y 曲线参数

目前, 关于液化砂土 p-y 曲线的研究中, 以 Boulanger 等提出的 p-乘因子法应用最为广泛[9]。该法以美国石油协会规范中未考虑土体液化效应的砂土 p-y 曲线为基础, 通过折减土压力 p 来考虑土体的液化效应 (图 6-4), 折减系数与土体孔压比的关系如图 6-5 所示。然而, p-乘因子法本质上仍是对静力 p-y 曲线的简单折减, 应用于动力分析时仍显得不够精确。鉴于此, 本章通过考虑群桩效应和场地倾斜效应建立液化场地桩–土动力相互作用动力 p-y 曲线, 据此确定参数 p_{ult} 和 y_{50}, 详见 6.4 节。

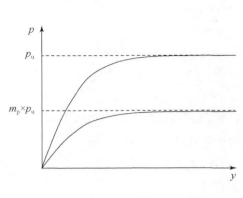

图 6-4　p-乘因子法　　　　　　　图 6-5　折减系数与孔压比关系

6.3.2　C 和 C_d 的确定

阻尼元件被用于模拟动荷载作用下应力波的传播引起土体能量消散的机理，阻尼系数用 C 表示。目前，确定阻尼系数的方法有很多，如 Gazetas 和 Dobry[11] 基于平面应变模型提出的阻尼系数计算方法，Kaynia 和 Kausel[12] 提出将文克尔地基梁模型中的辐射阻尼系数 C 取为 $5\rho v_s$（ρ 和 v_s 分别为土体的密度和剪切波速）等。然而，Liyanapathirana 和 Poulos[13] 所做的离心机试验结果表明，对于液化砂土，上述阻尼系数建议值均较大，建议取 ρv_s 作为砂土的辐射阻尼系数。本书参照 Liyanapathirana 的方法，取阻尼系数 $C=\rho v_s$，其中剪切波速 v_s 按式（6-15）计算：

$$v_s = \sqrt{\frac{G}{\rho}} \qquad (6\text{-}15)$$

式中，G 为剪切模量；ρ 为土体密度。最大摩擦力与 p_{ult} 的比值 C_d 参照 Brandenberg 等[14] 给出的建议值，取 $C_d=1.0$。

6.4　改进的液化场地桩–土动力相互作用 *p-y* 曲线

同一固结应力不同动应力作用下，每一周土的应力–应变关系曲线滞回圈顶点的连线，基本能够反映每一周往返应力作用下土的最大剪应力与最大剪应变之间的非线性关系[15]，称为砂土动应力–动应变关系的骨干线，如图 6-6 所示。通常，动荷载作用下土体表现出明显的非线性和滞后性，可以采用土的应力–应变曲线骨干线表示[16]。本节借鉴构建土的动应力–动应变曲线骨干线方法，构建桩–土动力相互作用 *p-y* 曲线骨干线，以此表示动力 *p-y* 曲线刚度与非线性的动力属性。

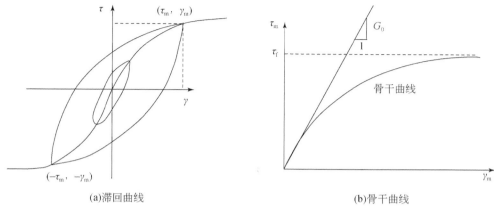

(a)滞回曲线　　　　　　　　　　(b)骨干曲线

图 6-6　土的动应力–动应变滞回曲线和骨干曲线

6.4.1　考虑群桩效应的 p-y 曲线

1. 数值模型

本节采用已验证的数值模拟手段，针对液化场地群桩–土–上部结构动力相互作用离心机试验开展相关工作[17,18]。试验布置如图 6-7 所示，土层包含两层饱和内华达砂（Nevada sand），上层为 9.1m 厚的饱和松砂，下层为 11.4m 厚的饱和密砂，水位线位于地表处。2×2 群桩基础采用空心铝管桩，桩径为 0.67m，壁厚 19mm，桩长 16.8m，桩的弹性模量为 70GPa。柱墩高 10.9m，承台平面尺寸为 4.6m×4.6m×2.3m。柱墩顶配重 2000kN。试验采用 Kobe 波作为基底输入地震动，峰值加速度为 0.22g。需要说明的是，文中参数均为原型尺寸。

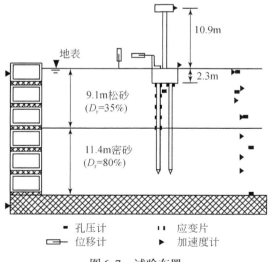

图 6-7　试验布置

为减少计算量，取一半试验体建立有限元模型，模型尺寸为长 51.0m×宽 10.5m×高 20.5m，见图6-8。需要指出的是，承台用砂土本构近似模拟，赋予其较大的黏聚力、剪切模量和体积模量，整个计算过程中其处于弹性状态。地震下，承台与周围土体会出现一定分离，这里主要通过土体本构近似实现相应变形，但并不能模拟两者的分离。

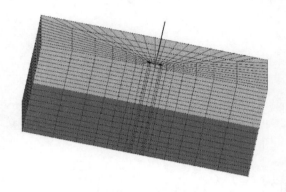

图6-8　有限元数值模型

2. 土体液化前 p-y 曲线的修正

基于已验证的群桩–土地震相互作用分析的三维有限元模型，以桩间距和桩径的比值（s/d）为控制指标，对 p-乘因子法构建的 p-y 曲线进行修正。图6-9对比了不同桩间距下

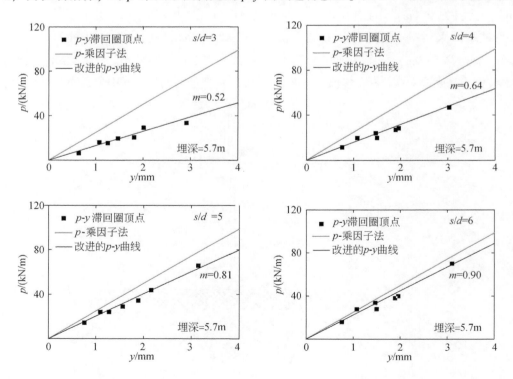

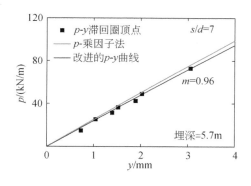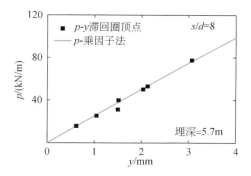

图6-9 不同桩间距下改进的 p-y 曲线

（s/d 分别等于 3～8）计算得到动力 p-y 曲线与 p-乘因子法中的 p-y 曲线。同时，针对 p-乘因子法中土压力偏大的问题，分别选取不同的桩间距修正系数 m 对其进行修正。

由图6-9可知，修正后的 p-y 曲线与计算得到的动力 p-y 曲线滞回圈顶点位置吻合较好。此外，随着桩间距逐渐增大，修正系数 m 逐渐减小，当 $s/d=8$ 时，不需要采取任何修正，p-乘因子法也能够很好地刻画计算得到的动力 p-y 曲线滞回圈顶点位置。对于桩间距小于8倍桩径的情况，图6-10给出了桩间距与修正系数的关系，可见两者之间存在较好的线性相关性。因此，拟合得到修正系数 m 的计算公式如式（6-16）：

$$m=0.12\frac{s}{d}+0.2 \tag{6-16}$$

式中，m 为桩间距修正系数（$s/d\leqslant7$），当 $s/d\geqslant8$ 时，$m=1$，其中 s 为桩间距，m，d 为桩径，m。

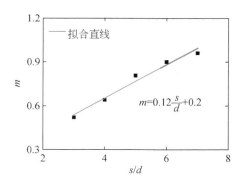

图6-10 修正系数 m 与桩间距 s/d 的关系

据此，基于 p-乘因子法得到了考虑群桩效应的土体液化前 p-y 曲线表达式，如式（6-17）：

$$p=m\times m_{\mathrm{p}}\times p_{\mathrm{API}}=m\times(1-0.9r_{\mathrm{u}})\times A\times p_{\mathrm{u}}\times\tanh\left(\frac{K\times H}{A\times p_{\mathrm{u}}}\times y\right) \tag{6-17}$$

式中，m_{p} 为孔压修正系数；r_{u} 为孔压比。

3. 土体液化后 p-y 曲线的修正

上述研究发现，液化后动力 p-y 曲线骨干线呈现出一种"上凹"的形式。因此，为得到液化后动力 p-y 曲线的表达式，可选用指数函数形式对计算得到的动力 p-y 曲线滞回圈顶点进行拟合，即液化后动力 p-y 曲线的统一表达式：

$$p = Ay^B \tag{6-18}$$

式中，p 为土压力；y 为桩–土相对位移；A、B 为曲线形状控制参数。

通过液化后动力 p-y 曲线滞回圈顶点拟合得到其 p-y 曲线的表达式，获得不同埋深处曲线形状控制参数，如表 6-1 所示。为了得到便于推广使用的液化后土体 p-y 曲线计算公式，基于曲线形状控制系数和土体埋深之间的关系，拟合得到系数 A 和 B 的计算公式，如式（6-19）和式（6-20）所示：

$$A = -0.01z^2 + 0.17z + 0.36 \tag{6-19}$$

$$B = 0.02z^2 - 0.35z + 2.56 \tag{6-20}$$

式中，z 为土体埋深，m。

表 6-1　不同埋深处 p-y 曲线形状系数 A 和 B

埋深 z/m	A	B
2.9	0.80	1.68
3.6	0.83	1.47
4.3	0.92	1.35
5.0	0.99	1.25
5.7	1.08	1.01
6.4	1.10	0.97
7.1	1.13	0.84
7.8	1.15	0.72
8.5	1.19	0.71

联合式（6-19）和式（6-20）的计算可获得考虑群桩效应的动力 p-y 曲线，曲线形状主要由深度控制。

6.4.2　考虑场地倾斜角度的 p-y 曲线

基于 5.3 节液化微倾场地群桩–土动力相互作用有限元模型计算得到的 p-y 曲线，对美国石油协会规范推荐的 p-y 曲线进行修正，进而得到考虑场地倾斜角度的 p-y 曲线公式。首先定义比例系数 F：

$$F = \frac{p_{\text{calculated}}}{p_{\text{ult}}} \qquad (6\text{-}21)$$

式中，$p_{\text{calculated}}$ 为计算得到的 $p\text{-}y$ 曲线的极限土压力，kN/m；p_{ult} 采用美国石油协会规范推荐的 $p\text{-}y$ 曲线的极限土压力，kN/m。

修正后的 $p\text{-}y$ 曲线如图 6-11 所示，可以看出，修正后的 $p\text{-}y$ 曲线的初始刚度和极限土压力与计算值皆较为接近。对于微倾场地，随着埋深的增加，深处土体的性质越来越接近水平场地。本节在桩径为 0.5m、动荷载幅值为 0.2g 条件下分析极限土压力与埋深和场地倾斜角度之间关系。极限土压力与埋深和场地倾斜角度之间的关系，可以等价为比例系数 F 与埋深和场地倾斜角度之间的关系。因此，分别计算 1°、2°、3°、4°、5° 和 6° 等场地倾斜角度下，各个埋深处的比例系数，如图 6-12 所示。可以看出，随着场地倾斜角度的增大，比例系数随之增大，但是两者的敏感程度随埋深的增加逐步降低。下面首先分析比例系数与场地倾斜角度之间的关系，为了将场地倾斜角度标准化，定义场地倾斜因子 i，如式（6-22）。

$$i = \frac{\alpha}{1°} \qquad (6\text{-}22)$$

式中，α 为场地倾斜角度，取 1°、2°、3°、4°、5° 和 6°。

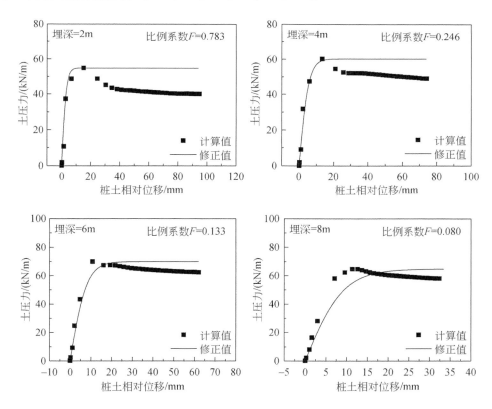

图6-11　桩身土压力计算值与修正值

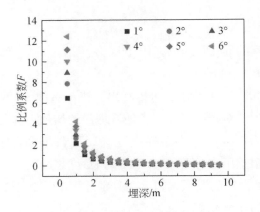

图 6-12　比例系数与埋深的关系

　　将场地倾斜因子与比例系数绘制于一张图中，如图 6-13 所示。通过数学拟合发现，场地倾斜因子和比例系数之间约为正比关系，因此采用一次函数进行数学拟合。随着埋深的增加，一次函数的斜率和截距逐渐减小。

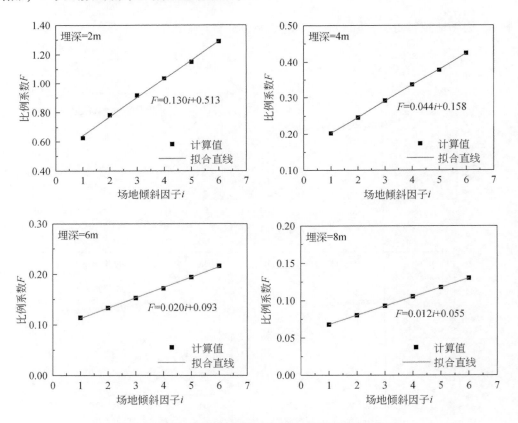

图 6-13　同一埋深处比例系数与场地倾斜因子的关系

图 6-14 为一次函数关系中斜率和截距与埋深的关系，采用指数函数形式对其进行数学拟合。斜率和截距的拟合结果如下所示：

$$k = 2.778 \times 0.170^H \tag{6-23}$$

$$b = 13.727 \times 0.151^H \tag{6-24}$$

可得比例系数表达式：

$$F = ki + b = (2.778 \times 0.170^H) \times i + (13.727 \times 0.151^H) \tag{6-25}$$

因此，修正 p-y 曲线表达式为

$$p = F \times p_{API} = F \times A \times p_u \times \tanh\left(\frac{K \times H}{A \times p_u} \times y\right) \tag{6-26}$$

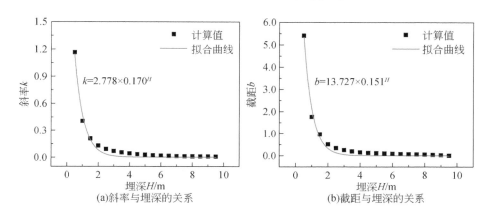

图 6-14 比例系数与倾斜因子的一次函数斜率截距与埋深的关系

通过以上分析，最终建立液化微倾斜场地桩–土动力相互作用 p-y 曲线，该曲线形状主要由场地倾斜角度和深度决定，可依据式（6-23）～式（6-26）联立计算得到。

6.5 液化场地桩–土动力相互作用简化分析模型

Matlock 等[19]率先将文克尔地基梁法用于分析桩–土动力相互作用问题，将沿着土层埋深计算得到的自由场位移时程作为外部激励施加到 p-y 弹簧一端，p-y 弹簧的另一端与桩节点相连，并在 SPASM 程序中实现。针对地震问题，Kagawa 通过非线性 p-y 弹簧并联黏滞阻尼改进了文克尔地基梁法[20]，其中，非线性弹簧模拟桩侧土压力作用，黏滞阻尼模拟土的辐射阻尼效应。基于非线性动力文克尔地基梁模型建立液化场地桩–土–桥梁结构动力相互作用分析简化模型，遵循以下假定：①桩为线弹性各向同性均质体；②受拉、受压弹性模量相等；③桩保持竖直且横截面不变；④桩的横向变位很小；⑤弯曲荷载作用下桩的水平断面保持平面；⑥远离桩的地基视为自由场地，分为若干水平土层，而且每一土层为各向同性、均质体，土层只受到竖直向上传播的剪切波作用；⑦桩简化为梁–柱单元质点体系，模拟为梁单元；⑧桩的质量集中于不同土层界面上；⑨桩周土与桩的振动相同，

桩周土简化为土的集中质量体系，并附到桩的集中质量体系之上；⑩自由场地与附加土体的桩之间采用宏单元实现动力相互作用；⑪上部结构模拟为集中质量点。

6.5.1　水平场地

针对 Wilson[21] 完成的 Csp2 群桩离心机试验开展简化分析方法的建立和验证简化分析方法，简化分析模型以文克尔地基梁法为基础，将土体简化为 p-y 曲线力学模型，以自由场土体位移作为外部激励，见图 6-15。其中 p-y 曲线模型采用基于 6.4.1 节提出的基于群桩效应改进的动力 p-y 曲线。

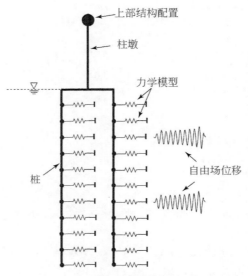

图 6-15　水平场地简化分析模型

桩和柱墩采用线性梁–柱单元模拟，桩和柱墩的力学参数和几何参数与试验体保持一致。选择刚性连接单元模拟承台，其抗弯刚度与试验体保持一致，在柱墩顶端节点施加集中质量模拟上部桥梁结构。采用由 Yang 等[22] 开发的液化场地地震反应一维非线性有限元程序 Cyclic 1D（图 6-16）开展液化自由场地动力分析，获得加速度、位移和孔压等结果。土层动力分析前需要确定四方面信息：①土层信息，包括土层剖面、土层数、水位线和基岩属性等；②土体材料属性；③瑞利黏滞阻尼系数；④基底激励。程序中，基于水–土动力耦合 u-p 单元实现饱和砂土的数值建模。同时，为了考虑土体的强非线性及液化效应，采用基于增量塑性理论的多面塑性模型刻画土的应力–应变关系，采用瑞利黏滞阻尼形式。可见，Cyclic 1D 能够真实反映液化对土体地震反应的影响。

基于离心机试验结果验证简化方法的可靠性。首先，使用 Cyclic 1D 计算自由场土体的位移时程和孔压时程；其次，将自由场土体位移时程以激励形式输入到桩–土相互作用分析模型，将孔压时程作为 p-y 曲线形式的变化条件。图 6-17 和图 6-18 分别验证了上部

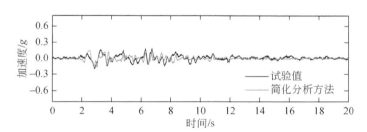

图 6-16　Cyclic 1D 计算软件

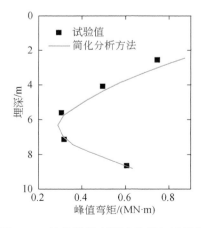

图 6-17　上部结构加速度试验值与计算值

图 6-18　桩的峰值弯矩试验值与计算值

结构加速度和桩的峰值弯矩，可以看出，计算值和试验值吻合较好。同时，相对有限元法，简化分析方法避免了土体本构模型的选取问题，且计算时间短、计算参数易确定。

6.5.2　倾斜场地

本节针对 5.3 节倾斜液化场地桩–土动力相互作用分析有限元模型建立倾斜场地桩–土动力相互作用简化分析方法，动力 $p\text{-}y$ 曲线模型采用 6.4.2 节提出的基于场地倾斜角度改进的 $p\text{-}y$ 曲线。简化模型建立步骤与 6.5.1 节相同，桩和柱墩的力学参数和几何参数与有限元模型保持一致，如图 6-19 所示。其中，采用修正的 $p\text{-}y$ 曲线［式（6-27）］计算 $p\text{-}y$ 弹簧的极限强度 p_{Fult}，采用式（6-28）计算 y_{50}。

$$p_{\text{Fult}} = F \times p_{\text{ult}} = F \times A \times p_{\text{u}} \tag{6-27}$$

$$
\begin{aligned}
y_{50} &= \frac{A \times p_{\text{u}}}{K \times H} \tanh^{-1}\left(\frac{0.5 \times p_{\text{Fult}}}{F \times A \times p_{\text{u}}}\right) \\
&= \frac{A \times p_{\text{u}}}{K \times H} \tanh^{-1}\left(\frac{0.5 \times F \times A \times p_{\text{u}}}{F \times A \times p_{\text{u}}}\right) \\
&= \frac{A \times p_{\text{u}}}{K \times H} \tanh^{-1}(0.5)
\end{aligned}
\tag{6-28}
$$

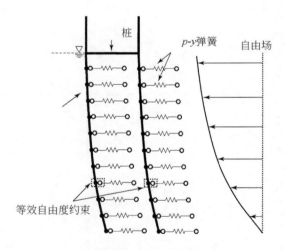

图 6-19　倾斜场地简化分析模型

利用 OpenSees 有限元软件平台建立二维模型进行自由场动力分析计算。基底输入 $0.2g$、2Hz 正弦波，得到土层各深度处的峰值位移（图 6-20），将其作为简化分析的外部输入条件施加到 $p\text{-}y$ 弹簧的固定端，计算桩基反应。图 6-21 和图 6-22 分别为 2° 和 6° 场地倾斜角度下桩身弯矩和位移数值分析和简化分析结果对比。可以看出，桩身弯矩吻合效果较好，反弯点位置也较为接近；在桩基上部，桩身峰值位移简化分析计算结果略小于有限元模型计算结果，在桩基底部，两者大小较为接近，随着场地倾斜角度的增大，差异逐渐减小。

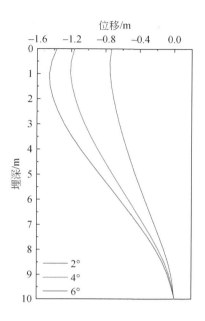

图 6-20　自由场土层各埋深处峰值位移

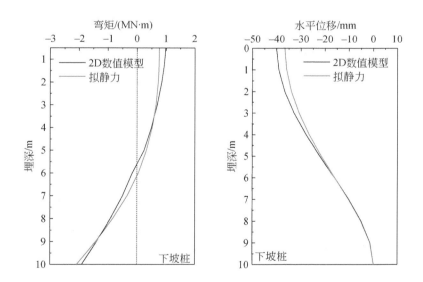

图 6-21　简化分析方法和数值计算结果对比（倾斜 2°）

　　综上所述，简化分析方法基本可以再现倾斜液化场地桩基动力反应分析精细化数值模型的计算结果。相比于数值模型，简化计算模型更加容易建立，所需的参数更少，而且计算速度远远大于数值模型计算速度。

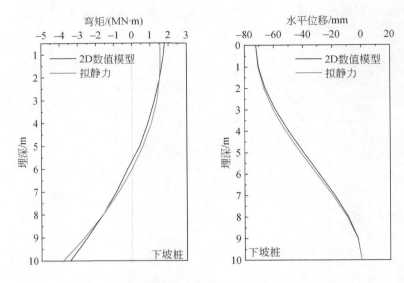

图 6-22   简化分析方法和数值计算结果对比（倾斜 6°）

6.6 小   结

基于非线性文克尔地基梁理论，通过改进 Boulanger 提出的 p-y 模型，建立了液化场地桩–土–桥梁结构动力相互作用简化分析方法，得到以下主要结论。

（1）通过弹簧单元、阻尼单元和塑性单元的合理组合，构建了液化场地桩–土动力相互作用分析的宏单元模型，很好地刻画动荷载作用下土体的非线性行为、辐射阻尼效应和桩–土接触面裂缝发展，给出了模型计算参数的选取方法。

（2）当桩间距小于 8 倍桩径时，桩间距是影响 p-乘因子法可靠性的重要因素。以桩间距和桩径的比值为控制指标，对 p-乘因子法构建的动力 p-y 曲线进行修正，进而提出了基于群桩效应改进的动力 p-y 曲线公式。

（3）场地倾斜因子与比例系数之间的关系可通过一次函数进行拟合，一次函数中的斜率和截距与埋深之间的关系可通过指数函数进行拟合，进而提出了基于场地倾斜角度和埋深改进的动力 p-y 曲线公式。

（4）基于 OpenSees 计算平台编写 Tcl 语言，结合动力 p-y 模型与文克尔地基梁模型，建立水平和倾斜液化场地桩–土动力相互作用简化分析方法。其中，桩采用线弹性梁–柱单元模拟，桩顶施加质量点模拟上部结构，桩–土动力相互采用改进的动力 p-y 模型代替，并通过输入自由场土体位移与孔压时程开展桩–土动力相互作用分析。

参 考 文 献

[1] Tabesh A. Lateral Seismic Analysis of Piles [D]. Sydney：University of Sydney, 1997.

[2] Brown D, Shie C F. Some numerical experiments with a three dimensional finite-element model of a laterally loaded pile [J]. Computers and Geotechnics, 1991, 12: 149-162.

[3] Matlock H, Foo S, Tsai C, et al. SPASM 8: A Dynamic Beam-Column Program for Seismic Pile Analysis with Support Motion, Fugro [M]. Fugro: Incorporated, 1979.

[4] El Naggar M H, Novak M. Nonlinear Lateral Interaction in Pile Dynamics [J]. Soil Dynamics and Earthquake Engineering, 1995, 14 (3): 141-157.

[5] Boulanger R W, Curras C J, Kutter B L, et al. Seismic Soil-Pile-Structure Interaction Experiments and Analyses [J]. Journal of Geotechnical and Geoenvironmental Engineering, 1999, 125 (9): 750-759.

[6] 燕斌. 桥梁桩基础抗震简化模型比较研究 [D]. 上海: 同济大学, 2007.

[7] Brandenberg S J, Zhao M, Boulanger R W, et al. *p-y* plasticity model for nonlinear dynamic analysis of piles in liquefiable soil [J]. Journal of geotechnical and geoenvironmental engineering, 2013, 139 (8): 1262-1274.

[8] Matlock H, Foo S H C. Simulation of lateral pile behavior under earthquake motion [C]. From Volume I of Earthquake Engineering and Soil Dynamics—Proceedings of the ASCE Geotechnical Engineering Division Specialty Conference. California: Pasadena, 1978.

[9] Brandenberg S J, Boulanger R W, Kutter B L, et al. Behavior of pile foundations in laterally spreading ground during centrifuge tests [J]. Journal of Geotechnical and Geoenvironmental Engineering, 2005, 131 (11): 1378-1391.

[10] Liu L, Dobry R. Effect of liquefaction on lateral response of piles by centrifuge model tests. National Center for Earthquake Engineering Research (NCEER) Bulletin, 1995, 9 (1): 7-11.

[11] Gazetas G, Dobry R. Horizontal Response of Piles in Layered Soils [J]. Journal of Geotechnical engineering, 1984, 110 (1): 20-40.

[12] Kaynia A M, Kausel E. Dynamic Behavior of Pile Groups [C]. Proceedings of the 2nd International Conference on Numerical Methods in Offshore Piling, Austin, Tex, 1982.

[13] Liyanapathirana D S, Poulos H G. Pseudostatic Approach for Seismic Analysis of Piles in Liquefying Soil [J]. Journal of Geotechnical and Geoenvironmental Engineering, 2005, 131 (12): 1480-1487.

[14] Brandenberg S J, Zhao M, Boulanger R W, et al. *p-y* plasticity model for nonlinear dynamic analysis of piles in liquefiable soil [J]. Journal of Geotechnical and Geoenvironmental Engineering, 2013, 139 (8): 1262-1274.

[15] 鲁晓兵, 谈庆明, 王淑云等. 饱和砂土液化研究新进展 [J]. 力学进展, 2004, 34 (1): 87-96.

[16] 王建华, 戚春香, 余正春. 弱化饱和砂土中桩的 *p-y* 曲线与极限抗力研究 [J]. 岩土工程学报, 2008, 30 (3): 309-315.

[17] Wilson D W. Soil-Pile-Superstructure Interaction in Liquefying Sand and Soft Clay [D]. California: University of California, Davis, 1998.

[18] 惠舒清. 液化场地简支桥梁体系地震反应与抗震性态分析 [D]. 哈尔滨: 哈尔滨工业大学, 2019.

[19] Matlock H, Foo S H C, Bryant L M. Simulation of lateral pile behaviour under earthquake motion [J]. Speciality Conference on Earthquake Engineering and Soil Dynamics, ASCE, 1978, 2: 600-619.

[20] Kagawa T, Kraft L. Seismic *p-y* responses of flexible piles [J]. Journal of the Geotechnical Engineering

Division, ASCE, 1980, 106 (8): 899-918.

[21] Wilson D W. Soil-pile-superstructure interaction in liquefying sand and soft clay [D]. California: University of California, Davis, 1998.

[22] Yang Z, Lu J, Elgamal A. A web-based platform for computer simulation of seismic ground response [J]. Advances in Engineering Software, 2004, 35 (5): 249-259.

第7章 液化场地多跨简支桥梁体系地震反应分析数值方法与计算平台

7.1 概　　述

　　液化场地多跨桥梁体系地震反应分析，本质上仍属于桩–土–结构动力相互作用分析范畴。采用有限元法进行液化场地多跨桥梁体系地震反应分析时，可以根据具体技术途径并按照整体分析法和子结构分析法的基本思路，分别采用不同的土体理想化方法，考虑桩–土–结构动力相互作用的影响。整体有限元分析法主要将土体简化成有限单元集合体，据此建立桩–土–多跨简支桥梁体系地震反应分析数值模型。主要将上部结构、桩基和土体处理为一个整体，建模过程十分复杂且计算成本高昂，更多用于精细化的研究与分析中。在子结构有限元分析法中，将土体和上部桥梁结构处理为两个相互关联的独立体系，将土体简化成独立的弹簧体系，进行桩–土–桥梁结构地震相互作用分析。子结构有限元分析法要求的计算存储信息量比整体有限元分析法少，计算量小且更快捷。鉴于此，本章依托开源OpenSees有限元数值计算平台，建立液化场地群桩–土–多跨桥梁结构体系地震反应子结构有限元分析法，开发三维非线性有限元计算软件MssSRA，并采用理论解验证其可靠性。

7.2 桥梁概况

　　某可液化场地铁路钢筋混凝土五跨简支桥梁如图7-1所示。该铁路工程类别依据分类标准处于C类范围，场地抗震设防烈度标准为8度。桥梁总长度为112m，五跨主要分成两类：中间三跨长度相同，长为24m，两侧边跨长度为20m。全桥在桥台和相邻桥面板之间设置宽度60mm的伸缩缝。桥面板，全部处于同一平面上。该桥梁桥面板采用单箱单室截面形式，桥墩采用高度为7.3m的单圆柱截面实心墩，桥墩截面采用直径为4m的等截面形式。四个桥墩编号从左至右分别为1、2、3、4，桥墩采用厚度为50mm的混凝土保护层。桥梁采用重力式桥台，宽8.235m，翼墙宽3.965m，上部背墙高度为1.83m，左右桥台布置盆式橡胶支座。等腰梯形截面的路堤与桥台之间连接，坡度为0.5，并且两侧采用回填砂土处理，其中，砂土密度为109.87kg/m^3，剪切波速为492.13m/s。桥梁承台在不同位置处具有相同高度，高为2m。桥台和桥墩下部布置钢筋混凝土桩，桩径为1.25m，桩长23m。桩基布置见图7-2。通过简化土层条件，将地基分为两层土，上层为可液化饱和松砂，下层为饱和密砂，地下水位线位于地表。土性参数见表7-1。

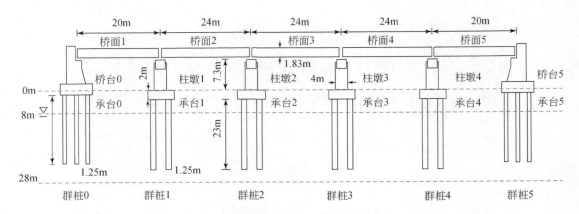

图 7-1　多跨简支桥梁示意图

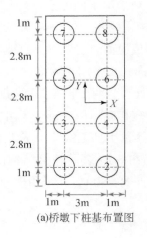
(a)桥墩下桩基布置图

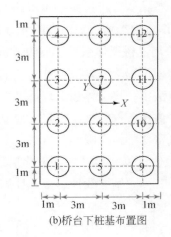
(b)桥台下桩基布置图

图 7-2　桩基布置图

表 7-1　土性参数

土的类型	土层 1	土层 2
	松砂	密砂
厚度/m	8	17
有效重度/(kN/m³)	6.86	10.78
摩擦角/(°)	19	40
黏聚力/kPa	0	0
剪切波速/(m/s)	125	400

7.3　多跨简支桥梁体系地震反应子结构有限元法

7.3.1　数值模型

　　子结构分析法的基本思路是化整为散，通过建立各子结构之间相互关系实现对整体桥梁体系的地震反应分析，具有计算便捷、省时、应用广泛等优势。本节借助 OpenSees 有限元计算平台，遵循子结构分析法的基本技术途径，将群桩–土–简支桥梁结构体系拆分为地基和桩基子体系、上部桥梁结构–群桩基础子体系，建立三维群桩–土–简支桥梁结构体系地震反应子结构分析模型，模型主要由桥面板、桥墩、桥台、承台和群桩基础等部分构成，如图 7-3 所示。模型中包含 2600 个 3 自由度节点、1750 个 6 自由度节点、290 个线性梁柱单元、1850 个非线性梁柱单元和 1220 个零厚度单元。模型中，群桩–土动力相互作用采用第 6 章建立的桩–土相互作用简化力学模型模拟，通过 Cyclic 1D 有限元程序建立一维自由液化场地土柱，得到自由液化场位移与孔压时程作为简化数值模型的外部激励，通过将简化力学模型的一端施加到桩上，实现考虑群桩–土动力相互作用的整体桥梁体系的地震反应分析。

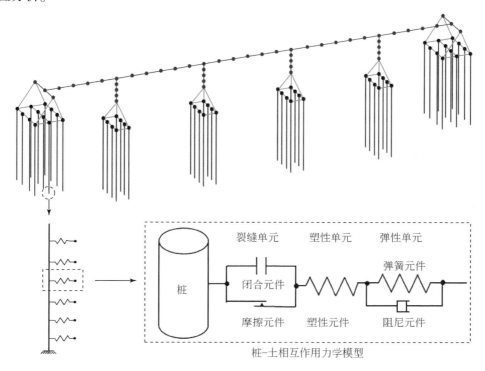

图 7-3　群桩–土–桥梁结构体系三维有限元模型

7.3.2　桩基与桥墩本构模型

模型中，桥梁体系非线性行为主要集中在桥墩与桩基区域。为了精确表示桥墩与桩基的非线性特征，采用纤维截面模拟桥墩与桩基。纤维截面基于平截面假定，通过拆分计算截面，形成分层纤维，保证分层纤维均处于单轴受拉或受压状态。选用的纤维截面分为三层：第一层为无约束混凝土，主要包括混凝土保护层；第二层为钢筋部分；第三层为约束混凝土，主要为核心区混凝土。

模型中，混凝土选用单轴 Kent-Scott-Park 本构模型[1]。该本构模型可以实现加载/卸载作用下混凝土的刚度线性衰减特征，本构模型参数选取参考表 7-2。本构模型的应力–应变关系曲线见图 7-4。

表 7-2　混凝土本构模型参数

材料参数	约束混凝土	非约束混凝土
抗压强度/MPa	19.1	16.9
抗压强度对应的应变	0.002	0.0017
压碎强度/MPa	14.3	0
压碎强度对应的应变	0.017	0.006

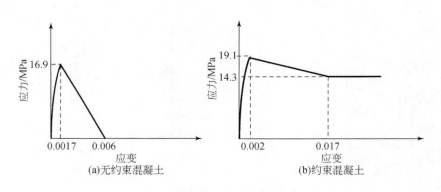

图 7-4　混凝土应力–应变关系曲线

钢筋选用等向强化非线性钢筋模型[2]，准确模拟钢筋破坏过程中的刚度退化、屈服和断裂等力学行为，本构模型参数的选取可参考表 7-3。等向强化非线性钢筋模型对应的应力–应变关系曲线见图 7-5。桥墩和桩的物理力学属性见表 7-4。模型中，采用非线性梁–柱单元模拟桥墩和桩基的非线性力学特性，纤维单元和截面关系见图 7-6。利用 OpenSees 计算平台分析纤维单元，分别得到桥墩和桩纤维截面的弯矩–曲率关系曲线，如图 7-7所示。

表 7-3　钢筋本构模型参数

钢筋材料参数	数值
屈服强度/MPa	300
极限强度/MPa	683.6
钢筋初始应变强化点的应变	0.01
钢筋达到峰值应力时的应变	0.09
初始切线刚度/MPa	2.06×10^5
初始应变强化时的切线刚度/MPa	8.27×10^3

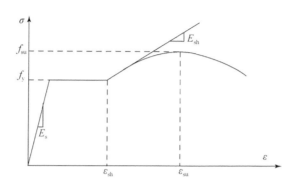

图 7-5　钢筋模型对应的应力-应变曲线

表 7-4　桥墩和桩的物理力学属性

部件	直径/m	惯性矩/m⁴	屈服弯矩/(MN·m)	屈服曲率/(1/m)
桥墩	4	12.56	21.14	0.0001
桩	1.25	0.48	2.6	0.0015

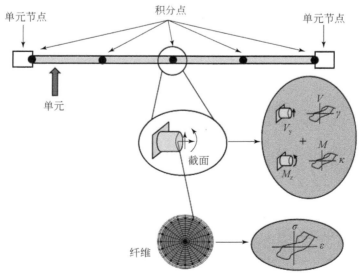

图 7-6　单元、截面和纤维关系图

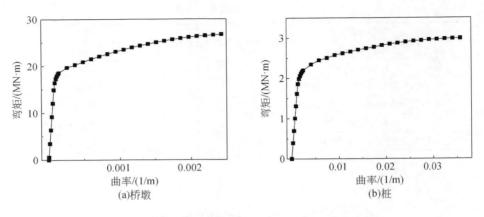

图 7-7　钢筋混凝土纤维截面的弯矩–曲率关系曲线

7.3.3　桥台计算模型

桥台的主要功能是支撑桥梁上部结构和连接桥梁结构与路堤，保证铁路运行平顺和线路畅通，抵挡桥台背后的土压力。为了模拟桥台和上部结构之间相互作用的物理过程，采用 Aviram[3] 根据加州桥梁抗震设计规范修正得到的简化模型，两端分别连接纵向弹簧、横向弹簧和竖向弹簧单元，见图 7-8。

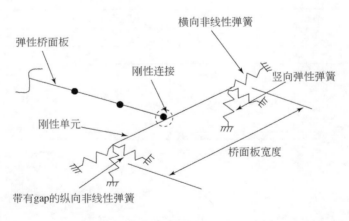

图 7-8　桥台简化模型示意图

采用零厚度单元模拟纵向弹簧，选取理想弹塑性的间隙材料考虑桥台与桥面板之间的初始间隙。当桥台与桥面板发生相对运动时，间隙变小，直到相对位移大于初始间隙，桥台和桥面板间才会产生相对压力，纵向弹簧力–位移关系曲线见图 7-9。根据实际宽度设置初始间隙为 70mm。纵向弹簧刚度 K_{abut} 和极限土压力 P_{abut} 的计算如式（7-1）和式（7-2）所示[4]：

$$K_{abut} = 11500.0 w\left(\frac{h}{1.7}\right) \tag{7-1}$$

$$P_{abut} = 239.0 w\left(\frac{h}{1.7}\right) \tag{7-2}$$

式中，K_{abut} 为纵向弹簧刚度；P_{abut} 为极限土压力；w 为桥台背墙宽度；h 为桥台背墙高度。

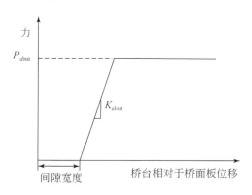

图 7-9　纵向弹簧力–位移关系曲线

在实际工程中，桥台背墙宽度 w 为桥面板截面宽度与两倍桥面板截面高度之差。通过式（7-1）和式（7-2），计算得到 K_{abu} 和 P_{abut} 分别为 1.37×10^5 kN/m 和 2.85×10^3 kN。与纵向弹簧类似，横向弹簧的力–位移关系仍为理想弹塑性，但不存在间隙。将纵向弹簧刚度 K_{abut} 和极限土压力 P_{abut} 分别乘以桥台翼墙有效系数 2/3 和参与系数 4/3，即得到横向弹簧对应值。

竖向弹簧刚度与路堤填土竖向刚度相关，依据 Zhang 和 Makris[5] 提出的有效长度原理，竖向弹簧刚度 K_v 可按式（7-3）计算：

$$K_v = \frac{E_{sl} d_w}{z_0 \ln \dfrac{z_0 + H}{z_0}} \tag{7-3}$$

式中，H 为路堤宽度；d_w 为桥面板宽度；S 为路堤坡度；z_0 为埋深，可按照公式 $z_0 = 0.5 d_w S$ 计算得到，其中 S 为路堤坡度；E_{sl} 为路堤填土竖向刚度，$E_{sl} = 2.8G$，剪切模量 $G = \rho v_s^2$，其中 ρ 为土的密度，v_s 为剪切波速。

据此，计算得到 K_v 为 1.85×10^8。

7.3.4　桥梁支座计算模型

桥梁支座的主要功能是传递上部结构荷载和释放弯矩，补偿设计与施工中存在的误差，提高桥面平整度。由于 KPZ 系列盆式橡胶支座的水平位移和承载力均较大，摩擦系数小，用钢量较少，在桥梁工程中得到广泛的应用。KPZ 系列盆式橡胶支座又分为活动盆式橡胶支座和固定盆式橡胶支座，其结构示意图如图 7-10 和图 7-11 所示。支座在跨中的布置形式见图 7-12，左侧面板上，将固定支座沿桥面板的纵向轴线以对称形式放置，两支座中心距离 4.5m。另一侧桥面板上，对称安装两个纵向活动支座，确保墩台受到的纵向水平力均匀分布。

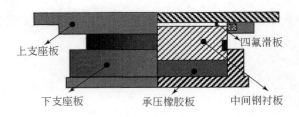

图 7-10　活动盆式橡胶支座结构示意图

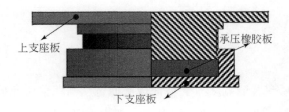

图 7-11　固定盆式橡胶支座结构示意图

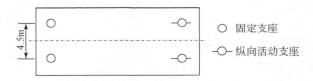

图 7-12　多跨桥的跨中纵向和固定支座布置形式

　　简支跨中墩顶和桥面连接、墩顶和相邻桥面板连接，见图 7-13。采用零厚度单元的弹簧 1 模拟纵向活动支座，采用零厚度单元的弹簧 2 模拟固定支座，支座模拟的关键在于合理确定弹簧 6 个方向（3 个平动方向和 3 个转动方向）的刚度。为了保证支座传递上部结构弯矩的功能，将固定支座转动方向上的刚度设为零。对于可纵向活动的支座，将除纵向之外的刚度设为无限。对于纵向刚度，采用双线性理想弹塑性本构描述支座的纵向受力特性[6,7]，见图 7-14。

　　在桥梁体系中，支座抗剪承载力控制着桥面板与墩顶接触面的抗剪承载力。接触面剪力尚未达到其抗剪承载力时，可由桥面板与墩顶之间相对位移计算得到弹簧刚度。按照规范取桥面板自重荷载为 173.09kN/m。支座承担的竖向压力 N 可按式（7-4）计算得到：

$$N = 173.09 \times 24/4 = 1038.54 \text{kN} \tag{7-4}$$

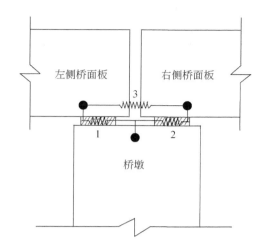

图 7-13　墩顶与桥面连接和相邻桥面板连接示意图

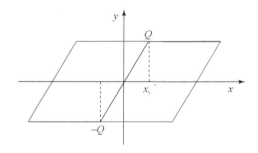

图 7-14　盆式橡胶支座双线性理想弹塑性模型

对于常温型活动支座，其摩擦系数 μ 应不大于 0.03，取 $\mu=0.03$ 计算其临界滑动摩擦力 Q：

$$Q=uN=0.03\times1038.54\text{kN}=31.16\text{kN} \tag{7-5}$$

因此，可按式（7-6）计算得到支座纵向刚度 K_{H}：

$$K_{\text{H}}=Q/t=1038.54\text{kN/m} \tag{7-6}$$

由简支梁基本理论可知，相邻桥面板之间在节点处允许发生相对转动。因此，以弹簧 3 描述相邻桥面板直接的连接方式，绑定相邻桥面板 3 各方向的平动自由度，释放其转动自由度，允许相邻面板之间发生相对转动。

7.3.5　上部结构与承台计算模型

在地震作用下，由于桥面板（主梁）的应变主要维持在弹性阶段，发生地震破坏主要集中在桥墩和桩上。因此，桥面板采用刚度较大的线弹性梁单元模拟。模型中，桥梁承台不易破坏，且不满足梁柱的平截面假定，其力学特性近似刚体。因此，采用抗弯刚度和抗压刚度极大的线弹性梁单元模拟承台。

7.3.6　桩-土地震相互作用模拟方法

桩-土动力相互作用的模拟采用第 6 章修正的考虑群桩效应的 p-y 模型，模拟液化场地群桩-土侧向相互作用的力学特性。除了考虑群桩-土侧向相互作用的力学特性，还应合理考虑群桩-土竖向相互作用机制。模型中，为了定义桩周土竖向摩阻力 t 和切向位移 z 的关系，采用美国石油协会规范推荐的 t-z 曲线公式，见图 7-15。

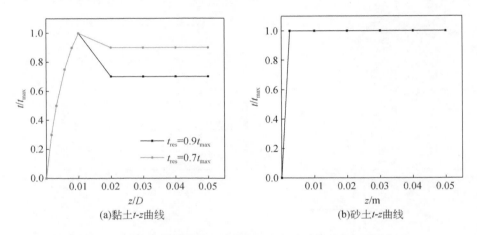

(a)黏土t-z曲线　　　　　　　　(b)砂土t-z曲线

图 7-15　典型桩侧摩阻力-桩侧切向位移关系曲线（t-z 曲线）

对于黏土，桩周土竖向摩阻力极限值 t_{max}：

$$t_{max} = f(z) = \alpha C_u \tag{7-7}$$

$$\alpha = 0.5\psi^{0.5}(\psi \leqslant 1.0)；\alpha = 0.5\psi^{-0.25}(\psi > 1.0) \tag{7-8}$$

$$\psi = C_u/P' \tag{7-9}$$

式中，t_{max} 为桩侧单位面积极限摩阻力，kPa；C_u 为原状黏土不排水抗剪强度，kPa；α 为黏土中无量纲的侧摩阻力系数；P' 为计算点处有效上覆土压力，kPa。

对于砂土，桩周土竖向摩阻力极限值 t_{max}：

$$t_{max} = KP'\tan\delta \tag{7-10}$$

式中，K 为侧向土压力系数；P' 为计算点处有效上覆土压力，kPa；δ 为土-桩摩擦角，（°），$\delta = \frac{3}{4}\varphi$。

通常，桩端阻力-竖向位移采用 Q-z 弹簧模拟。模型中，桩端阻力-竖向位移关系采用美国石油协会规范推荐的 Q-z 曲线，见图 7-16。

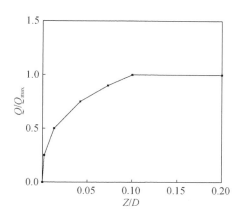

图 7-16　典型桩端阻力-桩端竖向位移关系曲线（q-z 曲线）

7.4　基于整体有限元法结果验证子结构有限元法

为了验证液化场地三维群桩-土-多跨简支桥梁体系地震反应分析子结构法，借助 OpenSees 有限元计算平台，建立液化场地三维群桩-土-多跨简支桥梁体系地震相互作用分析的整体有限元数值模型，见图 7-17。通过对比整体有限元分析法和子结构有限元法得到的计算结果，验证子结构有限元法的可靠性。

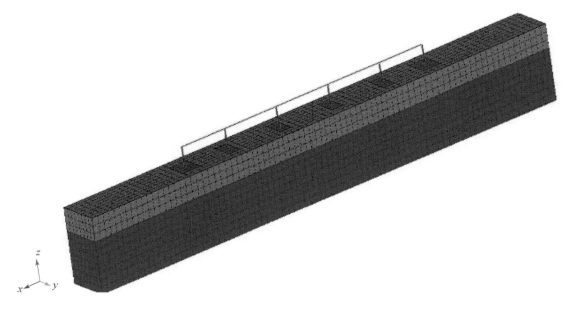

图 7-17　整体有限元数值模型

数值模型中，砂土采用与围压相关的多屈服面塑性本构模型和土–水耦合的六面体单元（brickUP）模拟，水位线以上固定其孔压自由度。土体本构模型中基本力学参数（如密度、剪切模量和弹性模量）由室内试验确定，其他参数主要基于本构模型用户手册的推荐值确定。桩和柱墩采用基于位移的梁柱单元（dispBeamColumn）模拟，采用纤维截面模拟桩和柱墩的非线性。桩与周围土体连接采用刚性单元和零长度单元串联组成。刚性单元的长度与桩的半径相同，用于模拟桩的几何空间效应。零长度单元主要考虑桩身与土体的滑移特性。为了简化建模，承台仍采用六面体单元和黏土本构模型实现，将黏土本构模型赋予较大的黏聚力以模拟混凝土特性。承台与土体之间没有设置特殊的接触面，即不考虑承台与土体之间滑动。桩和柱墩与承台的连接采用多点约束，实现桩和柱墩与承台的刚性连接。桥面板采用弹性梁柱单元（elasticBeamColumn）模拟，其与柱墩顶采用刚性连接实现。模型边界采用自由场边界，即在模型两侧增加质量非常大的二维自由场土柱，二维土柱与模型边界采用等效约束自由度（equalDOF）连接。

考虑到输入地震动的特性，土层中网格最大尺寸设置为 1.5m。桩划分为 430 个单元，每个单元长 3m；柱墩划分为 62 个单元，每个单位长 2.5m；每跨桥面板为划分为 38 个单元，每个单元长 3m。模型中，共有 9406 个 4 自由度节点、39 个 6 自由度节点、6720 个非线性 brickUP 单元、430 个非线性梁桩单元、38 个线性梁柱单元、860 个零长度单元和 860 个 equalDOF 等自由度约束。同时，在数值分析中，为了保证数值的收敛性和模拟实际的荷载情况，主要设置四个分析步：①施加土体自重，保证土体为弹性状态，执行重力分析；②增加结构单元及桩–土连接单元，同时施加结构自重；③更新土体参数，将土体由弹性状态转为塑性状态，执行非线性分析；④施加基底激励，执行地震反应分析。需要说明的是，在每个分析步结束后，应检查数值模型关键节点位移时程，确保每个分析步结束后，模型位移稳定后，再执行下一步分析。

选取第三跨柱墩下桩基，对比两种模型计算得到的桩基加速度时程和桩基峰值弯矩剖面，分别见图 7-18 和图 7-19。可以看出，子结构法计算值与整体法计算值在某个时间段可能存在一定差异性，但是总体上计算结果吻合较好，能够较真实重现桩身弯矩分布和加速度动力反应的基本规律。

图 7-20 为桩的弯矩峰值剖面图，可以看出，桩的峰值弯矩大致处于土层分界处，两种不同方式计算的桩上峰值弯矩分别为 792.35kN·m 和 892.35kN·m。整体上，采用子结构方法计算的峰值弯矩要稍大于实际三维数值型，但其差别不是很明显。综上所述，子结构法模型与整体法模型计算结果在数值上基本保持一致，验证了 7.3 节中子结构有限元法技术途径的可靠性。

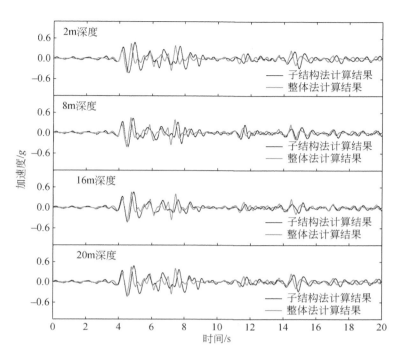

图 7-18　不同深度处桩基加速度时程

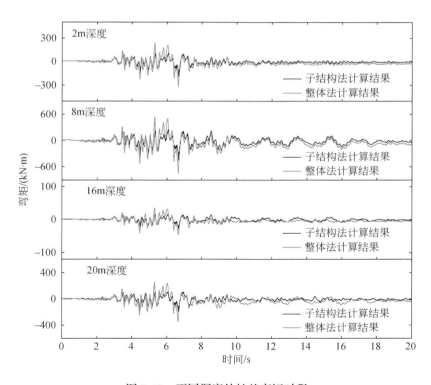

图 7-19　不同深度处桩基弯矩时程

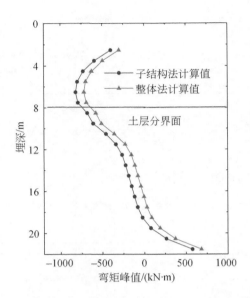

图 7-20　子结构法与整体法的桩身弯矩计算值对比

7.5　多跨简支桥梁体系地震反应分析计算平台

7.5.1　计算软件 MssSRA

采用现有大型商业化计算程序进行液化场地桩基多跨桥梁体系抗震分析时，存在软件操作烦琐、建模过程复杂和计算不易收敛等诸多难题。为了高效实施液化场地多跨桥梁体系抗震分析，充分吸收借鉴团队前期研究成果，依托 7.3 节提出的简化分析方法的技术途径、建模思路和各部分模拟的具体方法，通过反复改进、调整和完善，开发了一套具有完全知识产权、用户界面友好的液化场地桩–土–多跨结构体系地震反应三维有限元软件（MssSRA），并取得了国家计算机软件著作权（登记号：2019SR046853）。MssSRA 软件采用 C++语言实现，具有强大的前、后处理功能，简化了多跨桩基桥梁系统地震反应分析涉及的复杂数值建模细节与前后处理。

MssSRA 软件主界面由菜单栏、模型输入窗口和有限元网格窗口三部分组成，见图 7-21。菜单栏实现了软件主要功能的快速访问。文件菜单中包括新建模型、打开模型、保存模型、模型另存为、模型网格输出和退出等功能。计算菜单包括保存模型并进行计算。结果菜单包含模型各种反应结果，如时程反应、相互关系及动画显示等，并且能够生成记录文件。模型输入窗口起到控制模型和定义分析选项的作用，主要包括三个步骤：①定义和检查模型；②定义分析选项；③实施分析。MssSRA 软件的有限元网格窗口，可以通过一系列按钮调整。

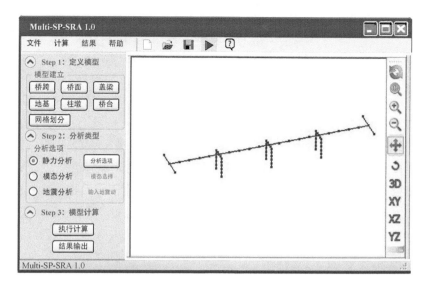

图 7-21　MssSRA 软件用户友好化界面

在 MssSRA 软件模型建立模块中，通过桥梁参数按钮可以进行桥梁参数的设置，其中包括桥面板、桥台、柱墩、跨度、盖梁的定义。桥面板、桥台、柱墩、跨度、盖梁均采用不同类型的梁–柱单元模拟，并且可以通过网格划分按钮，改变桥面、桥台、柱墩的梁柱单元划分数量。默认条件下地基完全固接，也可以通过点击地基设置按钮来进行地基类型的选择，除默认的刚性地基外，可选择第 6 章建立的液化场地考虑群桩效应的动力 $p\text{-}y$ 曲线和零长度单元定义的土弹簧等类型地基。

MssSRA 的跨度选项可以用于定义桥的跨度参数，软件默认桥梁为等跨桥梁，也可以定义不等跨度。

MssSRA 的桥面选项可以用来改变桥面参数，如调整桥面材料和截面参数。采用弹性材料模型定义桥面单元，定义材料参数主要包括杨氏模量、剪切模量和单元重度等信息。

MssSRA 的盖梁选项可用来改变盖梁的材料特性和截面特性。

MssSRA 的柱墩选项可用来定义柱墩参数，如横截面类型、数量、柱间距、材料属性等。其中材料可以选择为弹性线弹性或非线性纤维截面，还可以自定义纤维截面参数。

MssSRA 中设置了刚性地基和土弹簧地基两类地基类型可供选择。选择刚性地基时，所有柱墩底座都是固定的（包括三个位移自由度和三个转动自由度）。这种情况下，桥台模型各个节点均是固定的。软件中可以定义土弹簧参数和桩基的布置。软件默认在每个深度处使用两个相同的水平土弹簧（一个用于桥的纵向方向，另一个用于横向方向）。可以选取 $p\text{-}y$ 曲线计算基于 $p\text{-}y$ 方程的土弹簧参数。目前，有三种类型的 $p\text{-}y$ 曲线可以使用：软黏土、硬黏土和砂土。

MssSRA 的网格参数模块，可以改变桥体模型中梁柱单元的数量。

根据震后的勘察报告可以发现，强震作用下桥台性能对整个桥梁系统的反应具有重要影响。在 MssSRA 的桥台模型模块中，可以很好模拟 5 种桥台模型：①弹性模型；②Roller模型；③SDC 2004 模型；④SDC 2010 Sand 模型；⑤SDC 2010 Clay 模型。

MssSRA 具有拟静力分析、模态分析和地震分析功能。拟静力分析有荷载控制拟静力分析和位移控制拟静力分析两种类型。在模态分析中，可以选择不同的模态并通过展示窗口显示。实施地震时程分析时，为了避免子结构法需要进行两次有限元分析的繁琐问题，软件 MssSRA 分别自动进行自由场地震反应分析和三维多跨桥梁体系地震反应分析。为此，MssSRA 中可以直接输入地震动，先进行一维自由场地震反应分析，将计算结果（每层土的位移和孔压时程）作为外部激励，自动施加在三维简化数值模型中，进行多跨桥梁体系的地震反应分析。通过输入一条或多条指定地震动，进行一个或多个地震时程反应分析。也可从预先定义的地震动集合选择一条或多条地震记录进行地震时程分析。

选定输入的地震动记录后，MssSRA 自动提取并计算相应的参数计算结果。分析完成之后，可以将桩基桥梁体系地震反应与时程结果以数据图和文本的形式输出。MssSRA 中可以选择性的输出计算结果，包括桩基反应和桥面反应等。

此外，为了提升 MssSRA 的高性能计算能力，引入 OpenSees 并行计算功能。同时，借鉴现有商业软件模块化开发的有益经验，MssSRA 能够方便通过编写多种材料本构模型的模块并嵌入到主程序中，满足实际工程对材料本构模型多样化的需要。除了材料的本构模型，材料单元与界面单元的类型、人工动力边界及有限元求解算法也可通过用户子程序进行自定义。

7.5.2　可靠性验证

经过简化处理，采用 MssSRA 建立了多跨桥梁体系静力分析模型，如图 7-22 所示。在简化模型中，桥墩采用弹性单元模拟，同时不考虑桩–土相互作用（即采用刚性地基模拟），并且忽略了桥台–上部结构的动力相互作用过程。据此，针对整个桥梁体系进行 Pushover 静力分析，得到相应的计算结果，然后与结构力学理论解对比，以验证软件 MssSRA 的可靠性。

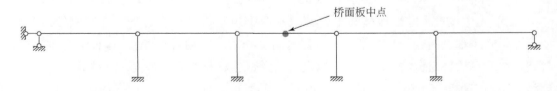

图 7-22　简化模型示意图

基于结构力学理论，单位位移作用下一端固定、一端铰接的杆件的杆端剪力可按式（7-11）计算得到：

$$F_Q = 3\frac{EI}{L^3} \tag{7-11}$$

式中，EI 为杆件抗弯刚度；L 为杆件长度（即桥墩高度）。

针对简化模型，计算得到桥墩杆端剪力为

$$F_Q = \frac{3EI}{L^3} = \frac{3\times 3\times 10^7\times 12.56}{7.3^3} = 2.9\times 10^6\,\mathrm{kN/m} \tag{7-12}$$

在 Pushover 分析中，采用位移控制加载方式，在桥面板中间位置逐步施加位移荷载，施加位移方向与桥面板平行，分析步长设为 0.005m，共实施 200 步的分析。此外，由于桥面板本身刚度较大，可视为刚体。因此，桥面板下各个桥墩受力状态相同。图 7-23 为 Pushover 计算得到的桥墩纵向剪力。可知，采用 Pushover 分析计算得到桥墩杆端剪力为

$$F_Q = \frac{2.87\times 10^5}{200\times 0.05} = 2.87\times 10^6\,\mathrm{kN/m} \tag{7-13}$$

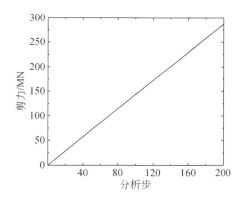

图 7-23　桥墩纵向剪力

可见，Pushover 静力计算结果与基于结构力学理论计算结果基本一致，误差为 2.87%，验证了 MssSRA 软件的可靠性。

7.6　小　　结

基于子结构分析法的技术途径，开展液化场地三维群桩–土–多跨简支桥梁体系地震反应子结构分析法与计算平台的研究，得到以下主要结论。

（1）针对某液化场地铁路五跨钢筋混凝土桩基简支桥梁体系，采用群桩–土动力相互作用的简化力学模型，建立液化场地群桩–土–多跨简支桥梁体系地震相互作用简化分析的三维数值模型；采用一维自由液化场地地震反应作为外部激励，可进行液化场地桩基多跨

简支桥梁体系地震反应分析，据此提出了液化场地三维群桩–土–多跨简支桥梁体系地震反应的子结构分析法，并采用整体有限元法结果验证了子结构法的可靠性。

（2）通过反复改进、调整和完善，开发了基于 Windows 的图形用户界面的液化场地桩–土–多跨结构体系地震反应三维有限元 MssSRA 软件。为了避免子结构法需要进行两次有限元分析的烦琐问题，MssSRA 软件分别自动进行自由场地震反应分析和三维多跨桩基桥梁体系地震反应分析。最后，采用理论解验证了 MssSRA 软件进行多跨桥梁结构分析的可靠性。

参 考 文 献

[1] Montejo L A, Marx E, Kowalsky M J. Seismic Design of Reinforced Concrete Bridge Columns at Subfreezing Temperatures [J]. ACI Structural Journal, 2010, 107 (4): 427-433.

[2] Chang G A, Mander J B. Seismic Energy Based Fatigue Damage Analysis of Bridge Columns: Part I-Evaluation of Seismic Capacity [R]. Buffalo, New York: National Center for Earthquake Engineering Research, 1994.

[3] Aviram A, Mackie K R, Stojadinovic B. Effect of Abutment Modeling on the Seismic Response of Bridge Structures [J]. Earthquake Engineering and Engineering Vibration, 2008, 7 (4): 395-402.

[4] Caltrans. Seismic Design Criteria Version 1.3 [S]. Sacramento, United States: California Department of Transportation, 2004.

[5] Zhang J, Makris N. Seismic Response Analysis of Highway Overcrossings Including Soil-Structure Interaction [J]. Earthquake Engineering and Structural Dynamics, 2002, 31 (11): 1967-1991.

[6] 招商局重庆交通科研设计院有限公司. JTGT B02-01—2008 公路桥梁抗震设计细则 [S]. 北京：人民交通出版社, 2008.

[7] 同济大学. CJJ 166—2011 城市桥梁抗震设计规范 [S]. 北京：中国建筑工业出版社, 2011.

第 8 章　基于性态的液化场地多跨简支桥梁体系抗震分析方法

8.1　概　　述

我国桩基桥梁体系的抗震设计一般参照《公路工程抗震规范》（JTG B02—2013）、《铁路工程抗震设计规范》（GB 50111—2006）和《公路桥梁抗震设计规范》（JTG/T 2231-01—2020）等规范，主要沿用基于力的抗震设计方法[1-3]。然而，桥梁桩基震害调查表明，仅以防治结构损伤为目标的抗震设计是远远不够的[4-6]。鉴于此，本章基于已验证的液化场地三维群桩–土–多跨简支桥梁体系地震反应分析数值模型，揭示近场和远场地震动作用下液化场地多跨简支桥梁动力反应规律，甄选表征多跨简支桥梁地震反应的最优地震动参数。随后，引入基于性态的地震危险性分析方法，建立地震指标和性态指标最大值的拟合关系（即地震需求模型），通过考虑地震的不确定性和地震危险性曲线的不确定性，得到不同性态指标的液化场地多跨简支桥梁体系的危险性曲线。

8.2　多跨简支桥梁体系地震反应分析

8.2.1　地震动选取

选取涵盖不同地震动幅值、频率和持时的近场非脉冲型、脉冲型地震动和远场地震动各 10 条[7]，详见表 8-1 ~ 表 8-3，所有地震动数据源于美国太平洋地震研究中心地震数据库。相比于场地震动，近场地震动具有方向性效应、速度脉冲效应、竖向加速度效应等[7-9]，为了对比研究近场和远场地震动作用下桩基桥梁地震响应的差异，将 30 条地震动的峰值加速度统一调幅为 0.2g。

表 8-1　近场非脉冲型地震动

编号	地震动名称	记录台站	年份	震级	断层距/km	脉冲周期 T_p/s
1	N. Palm Springs	Whitewater Ttrout Farm	1986	6.06	6.04	0.53
2	Loma Prieta	Saratoga-West Valley College	1989	6.93	9.31	1.15
3	Whittier Narrows-01	Downey-Co Maint Bldg	1987	5.99	20.82	0.81
4	Morgan Hill	Coyote Lake Dam（SWAbut）	1984	6.19	3.26	0.84

续表

编号	地震动名称	记录台站	年份	震级	断层距/km	脉冲周期 T_p/s
5	Northridge-01	Pacoima Dam（downstream）	1994	6.69	8.44	0.44
6	Sierra Madre	Cogswell Dam	1991	5.61	22.00	0.29
7	Loma Prieta	Gilroy-Gavilan College	1989	6.93	9.96	0.39
8	Parkfield	Temblor pre-1969	1966	6.19	15.96	0.4
9	Loma Prieta	Gilroy Array#1	1989	6.93	9.64	0.4
10	N. Palm	Desert Hot Springs	1986	6.06	6.82	0.42

表 8-2　近场脉冲型地震动

编号	地震动名称	记录台站	年份	震级	断层距/km	脉冲周期 T_p/s
1	Northridge-01	Sylmar-Converter Sta East	1994	6.69	5.19	3.10
2	Loma Prieta	Gilroy Array #2	1989	6.93	11.07	1.56
3	Imperial Valley-06	El Centro Differential Array	1979	6.53	5.09	3.70
4	Chi-Chi, Taiwan, China	TCU129	1999	7.62	1.84	4.10
5	ImperialValley-06	El Centro Array #10	1979	6.53	6.17	6.10
6	Kocaeli, Turkey	Yarimca	1999	7.51	15.37	3.8
7	Kocaeli, Turkey	Duzce	1999	7.51	4.83	3.8
8	Chi-Chi, Taiwan, China	Yarimca	1999	7.62	1.84	4.1
9	Imperial Valley-06	TCU129	1979	6.53	3.86	4.2
10	Kocaeli, Turkey	EI Centro Array #8	1999	7.51	10.92	4.3

表 8-3　远场地震动

编号	地震动名称	记录台站	年份	震级	断层距/km
1	N. Palm Springs	Hesperia	1989	6.93	72.97
2	Loma Prieta	Hollister- South & Pine	1989	6.93	27.93
3	Whittier Narrows-01	Pacoima Kagel Canyon USC	1987	5.99	36.29
4	Morgan Hill	San Juan Bautista, 24 Polk St.	1984	6.19	27.15
5	Northridge-01	LA-Saturn St.	1994	6.69	27.01
6	Kern Country	Taft Linclon School	1952	7.36	38.89
7	San Fernando	Castaic-Old Ridge Route	1971	6.61	22.63
8	Northridge-01	Anaheim-Wball Rd.	1994	6.69	27.01
9	N. Palm Springs	San Jacinto-Valley	1986	6.06	30.97
10	Coalinga-01	Parkfield-Cholame 2WA	1989	6.36	44.72

8.2.2　地震响应分析

1. 自由场土体地震响应

图 8-1 为 Loma Prieta 地震中近场非脉冲型、近场脉冲型和远场地震动作用下，不同埋深处自由场土体超孔压时程。由图 8-1 可知，振动开始后，土体超孔压逐渐增大直至完全

液化，最后保持稳定；近场脉冲型地震动作用下的土体超孔压时程出现了明显的"毛刺"现象［图 8-1（b）］，这种现象是地震作用下土体剪胀效应引起，瞬时的孔压降低会引起有效应力的增加，进而增大土体的剪切模量；对于近场非脉冲地震动作用下，土体超孔压出现了轻微的"毛刺"现象［图 8-1（a）］；而在远场地震动作用下，土体的超孔压时程曲线，几乎没有"毛刺"现象。

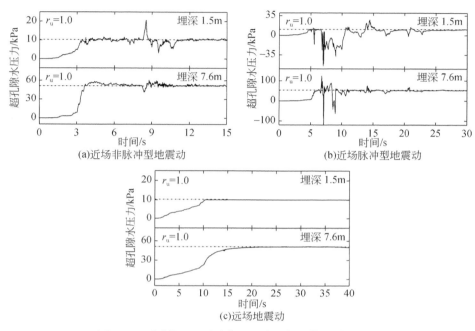

图 8-1　不同类型地震动作用下自由场土体超孔压时程

　　图 8-2 为不同类型地震动作用下自由场土体的加速度响应谱对比，阻尼比设定为 5%。由图 8-2 可知，三种类型地震动作用下，近场脉冲型地震动作用下的谱加速度随着周期增大逐渐减小，下降速度较为缓慢，而另外两种地震动作用下的谱加速度下降迅速。同时，在长周期频段内，近场脉冲型地震动作用下的谱加速度值明显大于另外两类地震动，表明在地震动加速度峰值相同的情况下，近场脉冲型地震动对长周期结构影响较大。此外，在远场地震动作用下，低周期频段的谱加速度峰值和非脉冲型地震动相似，谱加速度峰值在

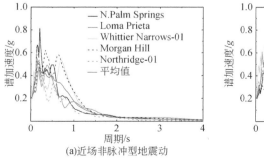

(a)近场非脉冲型地震动

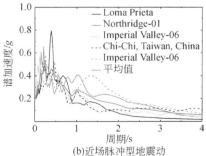

(b)近场脉冲型地震动

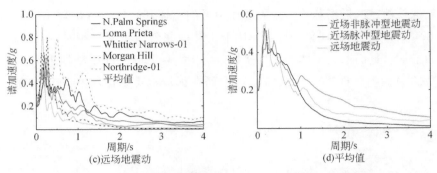

图 8-2　不同类型地震动作用下自由场土体加速度响应谱

周期大于 1s 后迅速下降。同时，在长周期频段内，远场地震动作用下的土体谱加速度值介于近场脉冲型和非脉冲型地震动两工况之间，表明在地震动加速度峰值相同的情况下，远场地震动在较高周期频段破坏能力不及近场脉冲型地震动，但强于近场非脉冲型地震动。

2. 桩基地震响应

图 8-3 为三种地震动类型作用下桩的弯矩响应，可以看出，桩的最大弯矩均发生在土层分界面处。桥梁上部的结构和承台对桩顶有约束作用，限制桩顶移动，进而桩顶处也产

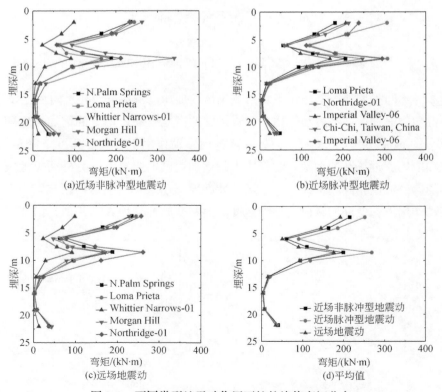

图 8-3　不同类型地震动作用下桩的峰值弯矩分布

生了较大的弯矩。图 8-3（d）为近场非脉冲型、近场脉冲型和远场地震动作用下桩的峰值弯矩平均值，可以看出，桩的弯矩在近场脉冲型地震动作用下最大，在远场地震动作用下最小。图 8-4 为近场非脉冲型、近场脉冲型和远场地震动作用下桩的峰值位移分布，桩的最大位移出现在桩顶。此外，桩的位移随埋深的增加逐渐减小，并在土层分界面处出现明显的拐点，这是因为相比下层密砂，上层砂土液化后对桩的支撑作用很小，致使桩很容易出现较大的变形。图 8-4（d）为三种地震动作用下桩的峰值弯矩的平均值，发现近场脉冲型地震动作用下桩的位移要大于近场非脉冲型地震动，且两者均大于远场地震动作用。

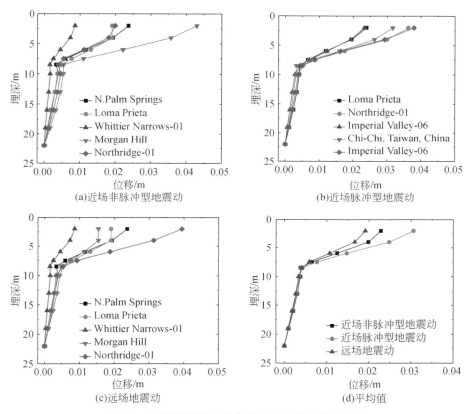

图 8-4　不同类型地震动作用下桩的峰值位移分布

8.2.3　地震动参数与桩基响应经验关系

目前，结构抗震设计中应用最为广泛的 5 个地震动参数为阿里亚斯强度（AI）、断层距（Clsd）、地震动峰值速度与峰值加速度之比（$R_{PGV/PGA}$）、地震动平均周期（T_m）和地震动相对能量持时（D_{5-95}）。鉴于此，主要考虑以上 5 个地震动参数，寻找最优地震参数应用于基于性态的液化场地桩基桥梁抗震设计。图 8-5 给出了 5 个地震动参数与桩基峰值位移和峰值弯矩的线性相关系数——R^2值。其中，地震动参数 $R_{PGV/PGA}$ 与桩基峰值位移、桩基峰值弯矩的线性相关性系数分别高达 0.87、0.94，说明地震动参数 $R_{PGV/PGA}$ 与桩基峰值位移和弯矩线性相关性较好。

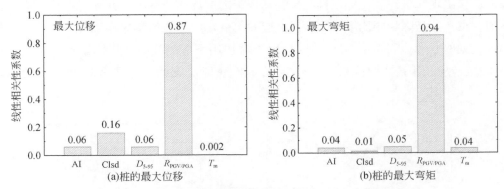

图 8-5　地震动参数与桩的峰值地震响应线性相关性系数

基于上述认识，采用桩的屈服弯矩和桩径对其开展归一化处理（图 8-6），获得 $R_{PGV/PGA}$ 与桩基地震响应的线性关系，如式（8-1）和式（8-2）所示：

$$M_{max}/M_y = 0.46 \times R_{PGV/PGA} \tag{8-1}$$

$$y_{max}/D = 0.12 \times R_{PGV/PGA} \tag{8-2}$$

式中，M_{max} 为桩的最大弯矩；M_y 为桩的屈服弯矩，$R_{PGV/PGA}$ 为地震动峰值速度与峰值加速度之比；y_{max} 为桩的最大位移；D 为桩径。

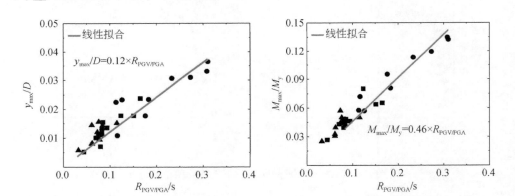

图 8-6　地震动参数 $R_{PGV/PGA}$ 与桩的归一化峰值地震响应关系

8.3　多跨简支桥梁抗震性态分析

基于性态的抗震分析方法主要包括以下步骤[10]：①性态指标选定；②地震动危险性曲线确定；③地震动需求模型确定；④性态指标危险性曲线确定。本节基于已建立的多跨简支桥梁数值模型开展上述 4 个方面的工作。

8.3.1 性态指标选定

针对已建立的多跨简支桥梁数值模型，选取关键位置响应，选定整个体系的性态指标（地震需求变量），见图 8-7 和表 8-4。可以看出，选取的地震需求变量主要分为位移和弯矩两类，也是工程师在设计中最关注的响应。考虑到模型上部桥面板刚度很大和模型的对称性，对于位移响应，主要选取桥台顶、柱墩顶和土层分界处桩的位移；对于弯矩响应，主要选取桥台顶、柱墩顶的弯矩和群桩顶、群桩底和土层分界处桩的弯矩。

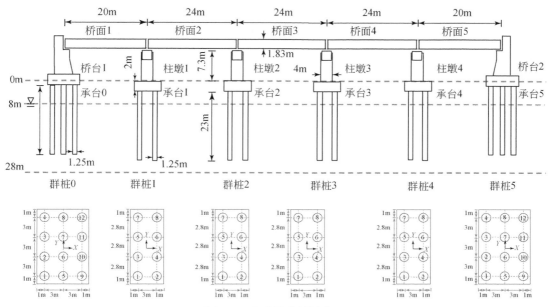

图 8-7　多跨简支桥梁布置

表 8-4　多跨简支桥梁地震需求变量

响应类型	响应量	符号
位移/m	桥台 1 顶	D_{Abut1Top}
	柱墩 1 顶	D_{Pier1Top}
	土层分界处群桩 0-1	$D_{\text{Pile01Interface}}$
弯矩/(MN·m)	桥台 1 底	$M_{\text{Abut1Bottom}}$
	柱墩 1 底	$M_{\text{Pier1Bottom}}$
	群桩 0-1 顶	$M_{\text{Pile01Top}}$
	群桩 0-1 底	$M_{\text{Pile01Tip}}$
	土层分界处群桩 0-1	$M_{\text{Pile01Interface}}$

8.3.2　地震动危险性曲线确定

基于性态的抗震分析方法需要考虑变量的不确定性，通常变量的不确定性主要来源于两个方面：一方面是由于认知能力的不足，主要受当前认知水平的限制；另一方面是由于变量自身的不确定性。所以，对于一个特定的变量 X，可以采用式（8-3）考虑两类不确定性。

$$X=\hat{\eta}_X \cdot \varepsilon_\eta \cdot \varepsilon_X \tag{8-3}$$

式中，$\hat{\eta}_X$ 为变量 X 中位数的点估计；ε_η 为认知引起的不确定性；ε_X 为变量自身的随机性。

地震危险性分析主要针对特定场地地震动危险性进行定量的评估[11]。结合我国《建筑抗震设计规范》（GB50011—2010），得到地震动参数 $R_{PGV/PGA}$（为了方便表示，下面采用 R 表示）为强度指标的地震危险性曲线。由于地震的随机性，所以通常采用泊松模型描述这种随机性。根据泊松分布，任意给定时间区间，地震事件出现的次数 n 服从参数为 μ 的泊松分布，概率分布为

$$P[N=n]=\frac{\mu^n e^{-\mu}}{n!} \tag{8-4}$$

式中，μ 为任意给定的时间区间内，地震事件出现的平均次数。对于给定时间 t 内，地震的平均发生率为 λ，其概率为

$$P[N=n]=\frac{(\lambda t)^n e^{-\lambda t}}{n!} \tag{8-5}$$

所以，给定时间 t 内，地震至少发生一次的概率为

$$P[N\geqslant 1]=P[N=1]+P[N=2]+\cdots+P[N=\infty]=1-P[N=0]=1-e^{-\lambda t} \tag{8-6}$$

可见，对于超越特定地震强度情况，泊松模型结合重现期可以预测在 T 年内地震强度超越 y^* 的概率为

$$P[Y_T\geqslant y^*]=1-e^{-\lambda_{y^*} T} \tag{8-7}$$

式中，λ_{y^*} 为对于给定 T 年内，地震的平均发生率。

根据现行《建筑抗震设计规范》（GB50011—2010）采用的三水准设防："小震不坏、中震可修、大震不倒"。小震又称多遇地震，其重现期为50年，相应超越概率为50年的62.3%；中震又称基本烈度地震，其重现期为475年，相应超越概率为50年的10%；大震又称罕遇地震，其重现期为1975年，相应超越概率为50年的2.5%。根据式（8-7）可知，小震、中震和大震不同设防水准下对应的年平均超越概率分别为1.98%、0.21%和0.051%。

根据烈度概率分布可知，基本烈度与众值烈度相差约1.55度，而基本烈度与罕遇烈度相差约1度。这里假定基本烈度为8度，则众值烈度为6.45度，罕遇烈度为9度。按式（8-8）计算地震动的峰值加速度和峰值速度[12]：

$$PGV = 10^{\left(\frac{I-2.34}{3.71}\right)}$$
$$PGA = 10^{\left(\frac{I+3.69}{4.60}\right)} \tag{8-8}$$

式中，I 为烈度（分别为众值、基本和罕遇烈度）。

根据不同设计基准期对应不同烈度值得到对应的比值 R，进而通过 R 与年平均超越概率进行拟合。通常，近似认为某地区的地震危险性曲线按式（8-9）的指数形式分布，这里采用 x 代替 R：

$$H_R(x) = P[R \geqslant x] = k_0 \cdot x^{-k} \tag{8-9}$$

式中，k_0 和 k 为地震危险性曲线的拟合参数。由式（8-9）可知，在双对数坐标系中，式（8-9）为直线，其中 k 为直线的斜率，k_0 与直线的截距有关。

正常情况下，危险性曲线需根据场地条件、断层条件且通过地震危险性分析确定。下面考虑以地震动参数 R 表示危险性曲线的不确定性。若采用与式（8-9）相同形式的表达式作为不确定性危险性曲线中位数的估计，记为

$$\hat{H}_R(x) = k_0 \cdot x^{-k} \tag{8-10}$$

这里，引入随机变量 $\varepsilon_{\mathrm{UH}}$ 代表危险性曲线的不确定性。所以，最终危险性曲线表达为

$$H_R(x) = \hat{H}_R(x)\varepsilon_{\mathrm{UH}} \tag{8-11}$$

假定 $\varepsilon_{\mathrm{UH}}$ 服从对数正态分布，即 $\ln\varepsilon_{\mathrm{UH}}$ 服从标准正态分布，$\ln\varepsilon_{\mathrm{UH}} \sim \mathrm{N}(0,1)$。所以，$\varepsilon_{\mathrm{UH}}$ 的中位数和自然对数的方差如下：

$$\mathrm{median}(\varepsilon_{\mathrm{UH}}) = \mu_{\varepsilon_{\mathrm{UH}}} = \mathrm{e}^{\mathrm{mean}[\ln(\varepsilon)]} = 1$$
$$\sigma_{\ln(\varepsilon_{\mathrm{UH}})} = \beta_{\mathrm{UH}} \tag{8-12}$$

由于 $H_R(x)$ 本身为随机变量，所以 $H_R(x)$ 可以表示其自身中位数与随机变量 $\varepsilon_{\mathrm{UH}}$ 的乘积：

$$\tilde{H}_R(x) = \hat{H}_R(x)\,\tilde{\varepsilon}_{\mathrm{UH}} \tag{8-13}$$

式中，波浪线代表随机变量。所以，$H_R(x)$ 的平均值 $\overline{H}_R(x)$ 可以表示为

$$\overline{H}_R(x) = \hat{H}_R(x) \cdot \mathrm{mean}(\varepsilon_{\mathrm{UH}}) \tag{8-14}$$

利用对数正态随机变量 Y 的 α 次方期望可表达为

$$E(Y^\alpha) = E(\mathrm{e}^{\alpha \ln Y}) = (\mu_Y)^\alpha \cdot \mathrm{e}^{\frac{1}{2}\alpha^2\sigma_{\ln Y}^2} \tag{8-15}$$

式（8-15）可进一步表达为

$$\overline{H}_R(x) = \hat{H}_R(x) \cdot \mathrm{e}^{\frac{1}{2}\beta_{\mathrm{UH}}^2} \tag{8-16}$$

8.3.3　地震动需求模型确定

确定提出的地震动参数 R 与性态指标之间的关系称为地震需求模型（seismic demand

model，SDM）。通过地震需求模型，给定地震动强度指标值的情况下，估计性态指标的值。然而，对于相同幅值的地震动，性态指标的响应存在一定差异性，假定这种差异性主要由地震动的随机性导致。所以，引入 R 与性态指标中位数的函数关系式，采用式（8-17）表示：

$$\mu_{DV}(x)=g(x) \tag{8-17}$$

式中，$\mu_{DV}(x)$ 为在给定 R 值下，性态指标的中位数的值，也记为 $\mu_{DV|R}(x)$。考虑性态指标中位数由于地震动随机性引起的差异性，引入随机变量 ε_{RD} 解释这种差异性。所以，性态指标 DV 进一步表示为式（8-18）：

$$DV=\mu_{DV}(x)\cdot\varepsilon_{RD}=g(x)\cdot\varepsilon_{RD} \tag{8-18}$$

为了简化分析，采用类似地震危险性曲线的指数形式拟合 R 值与性态指标 DV 中位数关系如式（8-19）所示：

$$\mu_{DV}(x)=a\cdot x^b \tag{8-19}$$

同样，在双对数坐标系中，式（8-19）转化为式（8-20）：

$$\ln\mu_{DV}(x)=\ln a+b\ln x \tag{8-20}$$

可见，通过将 R 值和性态指标转化在双对数坐标系中，通过线性拟合可以确定系数 a 和 b 的值。

进一步，上述式（8-18）仅考虑了性态指标的自身的随机性，通常性态指标的中位数也具有不确定性，这种不确定性主要是由于认知的不确定性引起，比如数值模型不确定性、模型参数的不确定性等。为了考虑这种认知的不确定性，性态指标 DV 中位数可以表达为其中位数的估计值与认知不确定性离散变量 ε_{UD} 的乘积，表达为式（8-21）：

$$\mu_{DV}(x)=\hat{\mu}_{DV}(x)\cdot\varepsilon_{UD} \tag{8-21}$$

将式（8-21）代入式（8-18）中，可以得到：

$$DV=\hat{\mu}_{DV}(x)\cdot\varepsilon_{UD}\cdot\varepsilon_{RD} \tag{8-22}$$

假定 ε_{UD} 和 ε_{RD} 是相互独立的，且服从对数正态分布，ε_{UD} 和 ε_{RD} 中位数和自然对数的方差如下：

$$\begin{aligned}\mu_{\varepsilon_{RD}}=\mu_{\varepsilon_{UD}}&=e^{mean[\ln(\varepsilon)]}=1\\ \sigma_{\ln(\varepsilon_{RD})}&=\beta_{RD}\\ \sigma_{\ln(\varepsilon_{UD})}&=\beta_{UD}\end{aligned} \tag{8-23}$$

8.3.4　性态指标危险性曲线确定

首先，只考虑性态指标的中位数由地震动随机性引起的差异性，所以通过将式（8-19）代入（8-18）中，可以得到：

$$DV=a\cdot x^b\cdot\varepsilon_{RD} \tag{8-24}$$

假定随机变量 ε_{RD} 服从对数正态分布，可以得到性态指标 DV 也是服从对数正态分布的随机变量，且性态指标 DV 的条件中位数和 lnDV 的条件标准差如下：

$$\mu_{\text{DV}|R}(x) = a \cdot x^b$$
$$\sigma_{\text{lnDV}|R}(x) = \beta_{\text{DV}|R} = \beta_{\text{RD}} \tag{8-25}$$

假定在给定 R 值情况下，性态指标 DV 的条件中位数近似用指数函数关系表述，然而性态指标 DV 自然对数的条件标准差 $\sigma_{\text{lnDV}|R}(x)$ 是常数，依据式（8-26）计算得到。

$$\sigma_{\text{lnDV}|R}(x) = \beta_{\text{DV}|R} = \sqrt{\frac{1}{N-2} \sum_{i=1}^{N} \left[DV_i(x) - \mu_{\text{DV}|R}(x) \right]^2} \tag{8-26}$$

式中，N 为有限元分析输入的地震动条数；$DV_i(x)$ 为不同地震动输入下计算的性态指标的最大值响应。

类似于地震危险性曲线，性态指标的危险性曲线定义为性态指标 DV 超过特定需求值 dv 的年平均概率。所以，危险性曲线可以采用式（8-27）表示：

$$H_{\text{DV}}(dv) = \nu P[DV > dv] \tag{8-27}$$

式中，ν 为地震年平均发生率。所以 ν 乘以 $P[DV > dv]$ 表示为性态指标的危险性曲线。利用全概率公式，可以将上式分解为给定 R 情况下，性态指标 DV 超过特定需求值 dv 的概率和 R 等于特定值 x 发生的概率，然后对不同 R 值求和，表示为

$$H_{\text{DV}}(dv) = \nu P[DV > dv] = \nu \sum_x P[DV > dv \mid R = x] \cdot P[R = x] \tag{8-28}$$

注意，式（8-28）只适用于离散变量。为了推导解析的表达式，采用连续的变量，将式（8-28）转化为式（8-29）。

$$H_{\text{DV}}(dv) = \nu P[DV > dv] = \int_0^\infty P[DV > dv \mid R = x] \cdot \nu \cdot f_R(x) \cdot dx \tag{8-29}$$

式中，$f_R(x)$ 为 R 的概率密度函数，由概率密度函数的定义。利用累积分布函数与互补累积分布函数之间的关系，将式（8-29）进一步整理得

$$H_{\text{DV}}(dv) = \nu P[DV > dv] = \int_0^\infty P[DV > dv \mid R = x] \cdot |\nu \cdot dG_R(x)| \tag{8-30}$$

注意到，地震危险性曲线 $H_R(x)$ 等于 R 的互补累积分布函数 $G_R(x)$ 与地震年平均发生率 ν 的乘积，即

$$H_R(x) = \nu \cdot G_R(x) \tag{8-31}$$

将式（8-31）代入式（8-30），整理可得式（8-32）：

$$H_{\text{DV}}(dv) = \nu P[DV > dv] = \int_0^\infty P[DV > dv \mid R = x] \cdot |dH_R(x)| \tag{8-32}$$

由于性态指标 DV 也服从对数正态分布，即 lnDV 服从正态分布，利用随机变量的对数的平均值等于平均值的对数[13]。所以，式（8-32）内积分第一项可表示为

$$P[DV > dv \mid R = x] =$$
$$1 - P\left[\frac{\text{lnDV} - \ln\mu_{\text{DV}|R}(x)}{\beta_{\text{DV}|R}} \leqslant \frac{\text{ln}dv - \ln\mu_{\text{DV}|R}(x)}{\beta_{\text{DV}|R}} \right] = 1 - \Phi\left[\frac{\ln\left(\dfrac{dv}{a \cdot x^b} \right)}{\beta_{\text{DV}|R}} \right] \tag{8-33}$$

这里，Φ（·）为标准正态累积分布函数，将式（8-33）代入式（8-32）得到：

$$H_{\mathrm{DV}}(\mathrm{d}v) = \nu P[\,\mathrm{DV} > \mathrm{d}v\,] = \int_0^\infty \left\{ 1 - \Phi\left[\frac{\ln\left(\dfrac{\mathrm{d}v}{a \cdot x^b}\right)}{\beta_{\mathrm{DV}|\mathrm{R}}} \right] \right\} \cdot \mid \mathrm{d}H_{\mathrm{R}}(x) \mid \qquad (8\text{-}34)$$

对式（8-34）采用分部法进行积分，发现式（8-34）积分项内第一项对 x 求导得

$$\frac{\mathrm{d}}{\mathrm{d}x}\left\{ 1 - \Phi\left[\frac{\ln\left(\dfrac{\mathrm{d}v}{a \cdot x^b}\right)}{\beta_{\mathrm{DV}|\mathrm{R}}} \right] \right\} = -\frac{\mathrm{d}}{\mathrm{d}x}\Phi\left[\frac{\ln \mathrm{d}v - \ln(a \cdot x^b)}{\beta_{\mathrm{DV}|\mathrm{R}}} \right] = \frac{b}{x \cdot \beta_{\mathrm{DV}|\mathrm{R}}}\Phi\left[\frac{\ln \mathrm{d}v - \ln(a \cdot x^b)}{\beta_{\mathrm{DV}|\mathrm{R}}} \right]$$

$$(8\text{-}35)$$

所以，对式（8-34）整理后得到：

$$H_{\mathrm{DV}}(\mathrm{d}v) = \nu P[\,\mathrm{DV} > \mathrm{d}v\,] = \int_0^\infty \left\{ 1 - \Phi\left[\frac{\ln\left(\dfrac{\mathrm{d}v}{a \cdot x^b}\right)}{\beta_{\mathrm{DV}|\mathrm{R}}} \right] \right\} \cdot \mid \mathrm{d}H_{\mathrm{R}}(x) \mid$$

$$= \left\{ 1 - \Phi\left[\frac{\ln\left(\dfrac{\mathrm{d}v}{a \cdot x^b}\right)}{\beta_{\mathrm{DV}|\mathrm{R}}} \right] \right\} \cdot H_{\mathrm{R}}(x) \mid_0^\infty + \int_0^\infty \frac{b}{x \cdot \beta_{\mathrm{DV}|\mathrm{R}}}\Phi\left[\frac{\ln \mathrm{d}v - \ln(a \cdot x^b)}{\beta_{\mathrm{DV}|\mathrm{R}}} \right] \cdot H_{\mathrm{R}}(x)\,\mathrm{d}x$$

$$(8\text{-}36)$$

在式（8-36）中，对于零和无穷大的 R，定积分接近零。所以式（8-36）简化为

$$H_{\mathrm{DV}}(\mathrm{d}v) = \nu P[\,\mathrm{DV} > \mathrm{d}v\,] = \int_0^\infty \frac{b}{x \cdot \beta_{\mathrm{DV}|\mathrm{R}}}\Phi\left[\frac{\ln \mathrm{d}v - \ln(a \cdot x^b)}{\beta_{\mathrm{DV}|\mathrm{R}}} \right] \cdot H_{\mathrm{R}}(x)\,\mathrm{d}x \qquad (8\text{-}37)$$

将式（8-9）代入式（8-37）得

$$H_{\mathrm{DV}}(\mathrm{d}v) = \nu P[\,\mathrm{DV} > \mathrm{d}v\,] = \int_0^\infty \frac{b}{x \cdot \beta_{\mathrm{DV}|\mathrm{R}}}\frac{1}{\sqrt{2\pi}}\mathrm{e}^{-\frac{1}{2}\left[\frac{\ln \mathrm{d}v - \ln(a \cdot x^b)}{\beta_{\mathrm{DV}|\mathrm{R}}}\right]^2} \cdot k_0 \cdot x^{-k}\,\mathrm{d}x \qquad (8\text{-}38)$$

利用正态随机变量在其定义域内，其概率密度函数积分为 1 的特点，将式（8-38）整理得到：

$$H_{\mathrm{DV}}(\mathrm{d}v) = k_0 \mathrm{e}^{\left[\frac{1}{2}k^2\left(\frac{\beta_{\mathrm{DV}|\mathrm{R}}}{b}\right)^2\right]} \cdot \mathrm{e}^{\left[-k\ln\left(\frac{\mathrm{d}v}{a}\right)^{\frac{1}{b}}\right]} \int_0^\infty \frac{b}{x \cdot \beta_{\mathrm{DV}|\mathrm{R}}}\frac{1}{\sqrt{2\pi}}\mathrm{e}^{\cdot\left\{-\frac{1}{2}\left[\frac{\ln x + k\left(\frac{\beta_{\mathrm{DV}|\mathrm{R}}}{b}\right)^2 - \ln\left(\frac{\mathrm{d}v}{a}\right)^{\frac{1}{b}}}{\frac{\beta_{\mathrm{DV}|\mathrm{R}}}{b}}\right]^2\right\}}\,\mathrm{d}x$$

$$(8\text{-}39)$$

式（8-39）中的积分为标准概率密度函数的积分，其值为 1。进而式（8-39）可简化为

$$H_{\mathrm{DV}}(\mathrm{d}v) = k_0 \mathrm{e}^{\left[\frac{1}{2}k^2\left(\frac{\beta_{\mathrm{DV}|\mathrm{R}}}{b}\right)^2\right]} \cdot \mathrm{e}^{\left[-k\ln\left(\frac{\mathrm{d}v}{a}\right)^{\frac{1}{b}}\right]} = k_0\left(\frac{\mathrm{d}v}{a}\right)^{\frac{-k}{b}}\mathrm{e}^{\frac{1}{2}\frac{k^2}{b^2}(\beta_{\mathrm{DV}|\mathrm{R}}^2)} \qquad (8\text{-}40)$$

式（8-40）即为性态指标的危险性曲线的解析表达式，引入式（8-41）：

$$R^{\mathrm{d}v} = \left(\frac{\mathrm{d}v}{a}\right)^{\frac{1}{b}} \qquad (8\text{-}41)$$

上述 R 称为需求 R。可得，在给定性态指标需求值 $\mathrm{d}v$ 时，可得 $R^{\mathrm{d}v}$。注意到式（8-41）

可整理为

$$dv = a \left(R^{dv} \right)^{b} \tag{8-42}$$

类似，将式（8-42）与式（8-11）对比可知，给定性态指标需求值 dv 时，可以通过 R 与性态需求变量之间的关系得到相应的 R^{dv}。

可见，性态指标的危险性曲线进一步简化为

$$H_{DV}(dv) = k_0 \left(\frac{dv}{a} \right)^{\frac{-k}{b}} e^{\frac{1}{2}\frac{k^2}{b^2}(\beta^2_{DV|R})} = k_0 \left(PGA^{dv} \right)^{-k} e^{\frac{1}{2}\frac{k^2}{b^2}(\beta^2_{DV|R})} = H_{PGA}(R^{dv}) \cdot e^{\frac{1}{2}\frac{k^2}{b^2}(\beta^2_{DV|R})} \tag{8-43}$$

下面结合式（8-43），进一步考虑地震危险性曲线的不确定性 ε_{UH} 和性态指标认知的不确定性。为了统一，结合式（8-21）和式（8-43），得到：

$$H_{DV}(dv) = \nu \cdot P[DV > dv] = k_0 (R^{dv})^{-k} e^{\frac{1}{2}\frac{k^2}{b^2}\beta^2_{RD}} = H_R(R^{dv}) \cdot e^{\frac{1}{2}\frac{k^2}{b^2}\beta^2_{RD}} \tag{8-44}$$

首先，考虑地震危险性曲线不确定性 ε_{UH}，结合式（8-10）和式（8-11），地震危险性曲线表示为

$$H_{R|\varepsilon_{UH}}(x) = \hat{H}_R(x) \cdot \varepsilon_{UH} = k_0 \cdot x^{-k} \cdot \varepsilon_{UH} \tag{8-45}$$

将式（8-45）代入式（8-44）中，考虑性态指标认知的不确定性 ε_{UD} 情况，得到：

$$H_{DV|\varepsilon_{UH},\varepsilon_{UD}}(dv) = \hat{H}_R(R^{dv/\varepsilon_{UD}}) \cdot \varepsilon_{UH} \cdot e^{\frac{1}{2}\frac{k^2}{b^2}\beta^2_{RD}} = k_0 \left(\frac{dv}{a} \right)^{\frac{-k}{b}} \cdot e^{\frac{1}{2}\frac{k^2}{b^2}\beta^2_{RD}} \cdot \varepsilon_{UH} \cdot \varepsilon_{UD}^{\frac{k}{b}} \tag{8-46}$$

对比式（8-43）和式（8-44），式（8-46）的结果增加两个系数（ε_{UH} 和 $\varepsilon_{UD}^{\frac{k}{b}}$）用于解释两类变异性的来源。

由式（8-13）可知：

$$\tilde{H}_R(R^{dv}) = k_0 \cdot \left(\frac{dv}{a} \right)^{\frac{-k}{b}} \cdot \tilde{\varepsilon}_{UH} \tag{8-47}$$

考虑性态指标本身作为一个随机变量，且其中 d 为性态指标界限值，得到：

$$\tilde{H}_{DV}(dv) = \nu \cdot P[D > d] = k_0 \left(\frac{dv}{a} \right)^{\frac{-k}{b}} \cdot e^{\frac{1}{2}\frac{k^2}{b^2}\beta^2_{RD}} \cdot \tilde{\varepsilon}_{UH} \cdot \tilde{\varepsilon}_{UD}^{\frac{k}{b}} = \tilde{H}_R(R^{dv}) \cdot e^{\frac{1}{2}\frac{k^2}{b^2}\beta^2_{RD}} \cdot \tilde{\varepsilon}_{UD}^{\frac{k}{b}}$$

$$\tag{8-48}$$

由于对数正态分布变量的 α 次幂仍服从对数正态分布，所以式（8-47）仍服从对数正态分布，其中位数和自然对数的方差分别为

$$median\left[\tilde{H}_{DV}(dv) \right] = \hat{H}_{DV}(dv) = median\left[k_0 \left(\frac{dv}{a} \right)^{\frac{-k}{b}} \cdot e^{\frac{1}{2}\frac{k^2}{b^2}\beta^2_{RD}} \cdot \tilde{\varepsilon}_{UH} \cdot \tilde{\varepsilon}_{UD}^{\frac{k}{b}} \right]$$

$$= \hat{H}_R(R^{dv}) \cdot e^{\frac{1}{2}\frac{k^2}{b^2}\beta^2_{RD}} \tag{8-49}$$

$$\beta_{UHD} = \sqrt{\beta^2_{UH} + \frac{k^2}{b^2}\beta^2_{UD}}$$

所以，式（8-48）的平均值表示为

$$\overline{H}_{\mathrm{DV}}(\mathrm{d}v) = \hat{H}_{\mathrm{DV}}(\mathrm{d}v) \cdot \mathrm{e}^{\frac{1}{2}\beta_{\mathrm{UHD}}^2} = \hat{H}_{\mathrm{R}}(R^{\mathrm{d}v}) \cdot \mathrm{e}^{\frac{1}{2}\frac{k^2}{b^2}\beta_{\mathrm{RD}}^2} \cdot \mathrm{e}^{\frac{1}{2}\beta_{\mathrm{UHD}}^2} \quad (8\text{-}50)$$

将 β_{UHD} 代入式（8-50），结合式（8-16）得到：

$$\overline{H}_{\mathrm{DV}}(\mathrm{d}v) = \hat{H}_{\mathrm{R}}(R^{\mathrm{d}v}) \cdot \mathrm{e}^{\frac{1}{2}\frac{k^2}{b^2}\beta_{\mathrm{RD}}^2} \cdot \mathrm{e}^{\frac{1}{2}\beta_{\mathrm{UH}}^2} \cdot \mathrm{e}^{\frac{1}{2}\frac{k^2}{b^2}\beta_{\mathrm{UD}}^2} = \overline{H}_{\mathrm{R}}(R^{\mathrm{d}v}) \cdot \mathrm{e}^{\frac{1}{2}\frac{k^2}{b^2}\beta_{\mathrm{RD}}^2} \cdot \mathrm{e}^{\frac{1}{2}\frac{k^2}{b^2}\beta_{\mathrm{UD}}^2} \quad (8\text{-}51)$$

考虑由于地震的随机性引起的不确定性和认知的不确定，同时考虑地震危险性曲线的不确定性，式（8-51）即为性态指标的危险性曲线的最终解析表达式。

8.3.5　性态分析结果评述

基于上述建立的多跨简支桥梁有限元数值模型开展抗震性态分析，选取不同地震动作为基底输入激励，地震动基本信息见表8-5，其 R 的变化范围为 $2.26 \sim 43.30\mathrm{s}$。

表8-5　地震动基本信息

序号	地震	震级	台站	R/s
1	San Fernando	6.61	Lake Hughes #12	19.11
2	Coyote Lake	5.74	Coyote Lake Dam-Southwest	7.04
3	Imperial Valley-06	6.53	Bonds Corner	29.94
4	Imperial Valley-06	6.53	Cerro Prieto	8.42
5	Mammoth Lakes-06	5.94	Convict Creek	13.29
6	Irpinia_Italy-01	6.9	Auletta	2.76
7	Westmorland	5.9	Brawley Airport	7.74
8	Coalinga-05	5.77	Burnett Construction	12.76
9	Morgan Hill	6.19	Anderson Dam（Downstream）	21.14
10	Morgan Hill	6.19	Gilroy - Gavilan Coll.	5.77
11	Whittier Narrows-02	5.27	Alhambra - Fremont School	9.03
12	Loma Prieta	6.93	BRAN	22.82
13	Loma Prieta	6.93	Capitola	25.56
14	Northridge-01	6.69	Arleta-Nordhoff Fire Sta	17.26
15	Northridge-01	6.69	Beverly Hills-12520 Mulhol	31.05
16	Kobe_Japan	6.9	Fukushima	9.23
17	Kocaeli_Turkey	7.51	Duzce	15.60
18	Chi-Chi_Taiwan，China	7.62	CHY025	8.08
19	Chi-Chi_Taiwan，China	7.62	CHY028	31.82
20	Imperial Valley-06	6.53	Aeropuerto Mexicali	15.34
21	Imperial Valley-06	6.53	El Centro Array #11	18.34

续表

序号	地震	震级	台站	R/s
22	Whittier Narrows-02	5.27	Altadena-Eaton Canyon	13.54
23	Whittier Narrows-02	5.27	Downey-Co Maint Bldg	2.98
24	Chi-Chi_Taiwan-03, China	6.2	TCU071	19.12
25	Chi-Chi_Taiwan-03, China	6.2	TCU074	2.26
26	Coyote Lake	5.7	Gilroy Array #6	22.60
27	Imperial Valley-06	6.5	Aeropuerto Mexicali	17.85
28	Mammoth Lakes-06	5.9	Long Valley Dam (upper left abut)	19.95
29	Westmorland	5.9	Parachute Test Site	8.60
30	Coalinga-05	5.8	Oil City	43.30
31	Coalinga-05	5.8	Transmitter Hill	42.95
32	Morgan Hill	6.2	Gilroy Array #6	12.20
33	Taiwan	6.3	SMART1 C00	10.25
34	N. Palm Springs	6.1	North Palm Springs	33.50
35	San Salvador	5.8	Geotech Investigation Center	42.30
36	Whittier Narrows-01	6	Downey-company maintenance	11.70
37	Whittier Narrows-01	6	LB-Orange Ave.	12.75
38	Erzican, Turkey	6.7	Erzincan	24.30
39	Cape Mendocino	7	Petrolia	30.75
40	Landers	7.3	Barstow	6.90
41	Northridge-01	6.7	Sylmar-Converter Station East	41.95
42	Northridge-01	6.7	Sylmar-Olive View Med FF	36.65
43	Kobe, Japan	6.9	Takarazuka	32.25
44	Kocaeli, Turkey	7.5	Gebze	11.90
45	Chi-Chi, Taiwan, China	7.6	TCU076	12.35
46	Chi-Chi, Taiwan-03, China	6.3	CHY101	26.20
47	Yountville	5	Napa Fire Station #3	6.30

1. 多跨简支桥梁位移响应

图 8-8 为桥台、柱墩位移和土层分界处群桩的位移地震需求模型和危险性曲线，即性态指标与 R 关系和性态指标超越特定值的年平均超越概率。图 8-8 中的 a 和 b 为将 R 和性态指标在双对数线性拟合时确定的系数，而 σ 代表性态指标对数值的标准差。

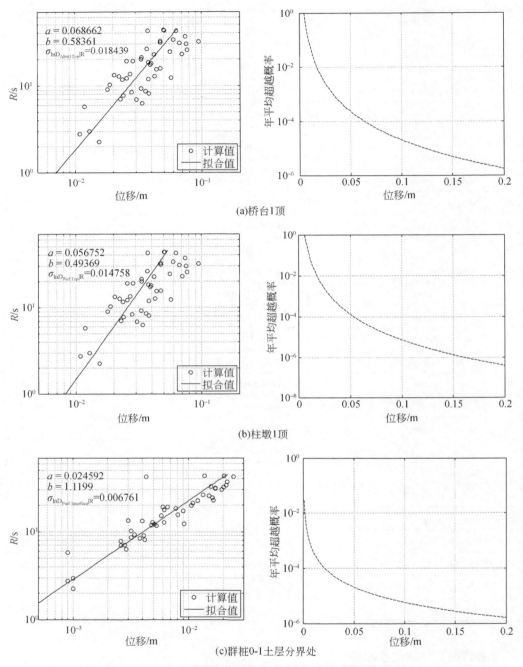

图 8-8　不同部位位移地震需求模型和危险性曲线

由图 8-8（a）可知，桥台 1 顶位移随着 R 的增大而增大，但是最大位移并没有出现在最大的 R 处。利用拟合得到的系数 a 和 b，进一步结合式（8-51），可以得到不同性态指标年平均超越概率。对于桥台 1 顶的位移，随着位移增加，年平均超越概率将变小。

图 8-8（b）给出柱墩 1 顶的位移地震需求模型和危险性曲线。与桥台 1 顶位移相比,柱礅 1 顶的位移变化规律类似桥台 1 顶,但是相同位移下,其年平均超越概率要更大。表明达到相同位移情况下,柱墩 1 顶出现有概率要大于桥台 1 顶,柱墩 1 顶可能更容易出现破坏。考虑到在历次震害调查表明,在土层分界处,由于土体刚度的突变,往往会出现位移的突变,所以选用土层分界处桩的位移进行分析。图 8-8（c）显示群桩0-1土层分界处位移的地震需求模型和危险性曲线。整体上,桩的位移随着 R 的增加而增大,最大 R 几乎对应着桩最大位移的产生。桩位移的年平均超越概率随着位移的增加而减小。从以上分析不难看出:整体上,相同 R 情况下,桥台和柱墩的位移要大于桩的位移,其对应的年平均超越概率也较大。

2. 多跨简支桥梁弯矩响应

图 8-9（a）和图 8-9（b）为桥台 1 底和柱墩 1 底的弯矩地震需求模型和危险性曲线。整体上,桥台 1 底和柱墩 1 底的弯矩随着 R 的增加而增大。同样,其最大 R 并不对应着最大弯矩。类似地,桥台 1 底和柱墩 1 底的年平均超越概率随着弯矩的增加而减小。对比桥台 1 底与柱墩 1 底弯矩的危险性曲线,不难发现,在相同弯矩下,柱墩 1 底的年平均超越概率要大于桥台 1 底,即柱墩 1 底更容易发生破坏。从图 8-9（c）可以看出,整体上,群桩 0-1 桩顶弯矩随着 R 的增加而增大,其最大 R 并不对应着最大弯矩,而年平均超越概率随着弯矩的增加而减小。图 8-9（d）为群桩 0-1 桩尖的弯矩地震需求模型和危险性曲线。整体上,在双对数坐标系中,群桩 0-1 桩尖弯矩与 R 线性拟合较好,即对应的性态指标对数值标准差相对较小。同样,群桩 0-1 桩尖弯矩随着 R 的增加而增大,其最大值基本发生在最大 R 处。而年平均超越概率随着弯矩的增加而减小。从图 8-9（e）可以看出,整体上,在群桩 0-1 土层分界处桩弯矩地震需求模型和危险性曲线与群桩 0-1 桩尖处类似。综上所述,在 R 相同的情况下,桥台底和柱墩底的最大弯矩要大于基桩的弯矩,这主要是因为桥台底和柱墩底的弯矩通过承台传至下部群桩。所以,在相同弯矩下,桥台底和柱墩底年平均超越概率更大。

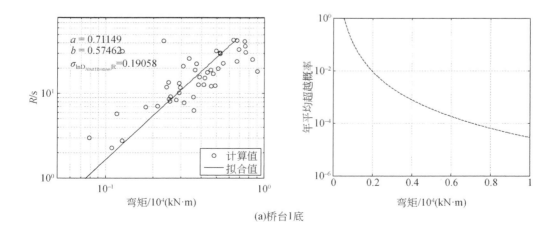

(a)桥台1底

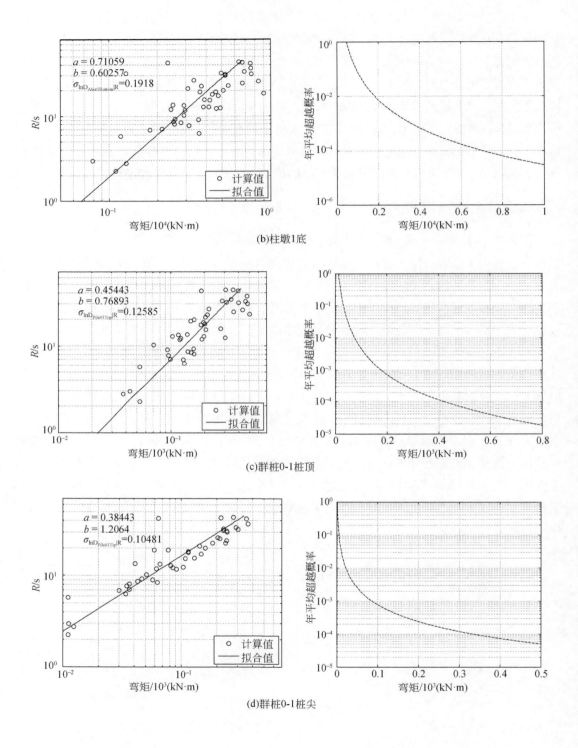

(b)柱墩1底

(c)群桩0-1桩顶

(d)群桩0-1桩尖

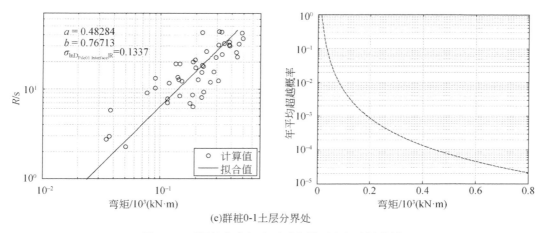

(e)群桩0-1土层分界处

图8-9　不同部位弯矩地震需求模型和危险性曲线

8.4　小　　结

本章研究了不同类型地震作用下液化场地多跨简支桥梁地震响应基本规律及差异性，优选地震动参数 $R_{PGV/PGA}$ 表征多跨简支桥梁地震响应，考虑变量的两类不确定性，推导地震危险性曲线、地震需求模型和性态指标危险性曲线，得到以下主要结论。

（1）相比于近场非脉冲型地震动与远场地震动，近场脉冲型地震动作用下多跨简支桥梁地震响应更大，近场地震动作用下的自由场土体呈现出较为明显的剪胀现象，提出了以 $R_{PGV/PGA}$ 为控制变量，液化场地桩基峰值弯矩和位移的估算公式。

（2）考虑地震随机性引起的不确定性和认知的不确定性，结合地震危险性曲线自身的不确定性，推导得出性态指标危险性曲线的解析表达式。

（3）选定关键位置的位移和弯矩响应作为性态指标，采用 $R_{PGV/PGA}$ 作为地震动强度指标，拟合得到不同性态指标的地震需求模型，定量得到给定地震动强度作用下多跨简支桥梁响应；进一步得到的地震危险性曲线可定量得到不同响应达到或超越某种破坏状态时的年平均超越概率。

（4）基于不同性态指标的地震需求模型，发现多跨简支桥梁的位移和弯矩峰值响应并没有发生在 $R_{PGV/PGA}$ 最大处。相同 $R_{PGV/PGA}$ 情况下，桥台和柱墩的最大位移要大于桩的最大位移，桥台底和柱墩底的最大弯矩要大于基桩的最大弯矩。

参 考 文 献

[1] 中交路桥技术有限公司. JTG B02—2013 公路工程抗震规范 [S]. 北京：人民交通出版社，2013.

[2] 中华人民共和国铁道部. GB 50111—2006 铁路工程抗震设计规范 [S]. 北京：中国铁道出版社，2006.

［3］ 招商局重庆交通科研设计院有限公司 . JTG/T 2231-01—2020 公路桥梁抗震设计规范 ［S］. 北京：人
　　　 民交通出版社，2020.

［4］ Billah A H M M, Alam M S. Performance-based seismic design of shape memory alloyreinforced concrete
　　　 bridge piers. I：Development of performance-based damage states ［J］. Journal of Structural Engineering,
　　　 2016, 142（12）：04016140.

［5］ Ataei H, Mamaghani M, Lui E M. Proposed framework for the performance-based seismic design of highway
　　　 bridges ［C］. Denver：Structures Congress, 2017.

［6］ Dimitriadi V E, Bouckovalas G D, Papadimitriou A G. Seismic performance of strip foundations on
　　　 liquefiable soils with a permeable crust ［J］. Soil Dynamics and Earthquake Engineering, 2017, 100：
　　　 396-409.

［7］ Davoodi M, Jafari M K, Hadiani N. Seismic response of embankment dams under near-fault and far-field
　　　 ground motion excitation ［J］. Engineering Geology, 2013, 158：66-76.

［8］ 张令心，张继文 . 近远场地震动及其地震影响分析 ［J］. 土木建筑与环境工程，2010, 32（S2）：
　　　 84-86.

［9］ Zhang S, Wang G. Effects of near-fault and far-fault ground motions on nonlinear dynamic response and
　　　 seismic damage of concrete gravity dams ［J］. Soil Dynamics and Earthquake Engineering, 2013, 53：
　　　 217-229.

［10］ Kramer S L. Geotechnical earthquake engineering ［M］. New Jersey：Prentice-Hall, 1996.

［11］ Jalayer F. Direct probabilistic seismic anaysis：Implementing non-linear dynamic assessments ［D］.
　　　 Dissertations and Theses, California, New York：Stanford University, 2003.

［12］ 林淋，孙景江 . 不同地震动参数与地震烈度相关性对比研究 ［J］. 地震工程与工程震动，2011,
　　　 31（1）：6-10.

［13］ Benjamin J R, Cornell C A. Probability, statistics, and decision for civil engineers ［M］. New York：
　　　 McGraw-Hill, Courier Corporation, 2014.